Die ZIEGE

Geschichte, Biologie, Rassen

Haupt
NATUR

Die englische Originalausgabe erschien bei Ivy Press,
einem Imprint von The Quarto Group, unter dem
Titel *The Goat. A Natural History*

Konzept, Gestaltung und Produktion:
Ivy Press, ein Imprint von The Quarto Group
The Old Brewery, 6 Blundell Street,
London N7 9BH, Großbritannien

Verlagsleitung David Breuer
Programmleitung Tom Kitch
Künstlerische Leitung James Lawrence
Projekt-Lektorat Angela Koo
Gestaltung JC Lanaway
Redaktion Stephanie Evans
Bildredaktion Sharon Dortenzio, Jane Lanaway, Sue Weaver
Illustrationen John Woodcock
Fachberatung Debbie Cherney

Aus dem Englischen übersetzt von
Coralie Wink, D-Dossenheim, Monika Niehaus, D-Düsseldorf,
und Jorunn Wissmann, D-Binnen

Satz der deutschsprachigen Ausgabe:
Die Werkstatt Medien-Produktion GmbH, D-Göttingen

Diese Publikation ist in der Deutschen Nationalbibliografie
verzeichnet. Mehr Informationen dazu finden Sie unter
http://dnb.dnb.de.

ISBN 978-3-258-08211-0

Printed in Singapore

Um lange Transportwege zu vermeiden, hätten wir dieses Buch gerne in Europa gedruckt. Bei Lizenzausgaben wie diesem Buch entscheidet jedoch der Originalverlag über den Druckort. Der Haupt Verlag kompensiert mit einem freiwilligen Beitrag zum Klimaschutz die durch den Transport verursachten CO_2-Emissionen und verwendet FSC-Papier aus nachhaltigen Quellen.

Swiss Climate
CO_2neutral
Transport

FSC
www.fsc.org
MIX
Papier aus verantwortungsvollen Quellen
FSC™ C007207

Die ZIEGE

Geschichte, Biologie, Rassen

SUE WEAVER

ÜBERSETZT VON CORALIE WINK,
MONIKA NIEHAUS UND JORUNN WISSMANN

HAUPT VERLAG

Inhalt

KAPITEL 4

Haltung & Pflege

KAPITEL 5

Ziegen & Menschen

KAPITEL 6

Verzeichnis einiger Ziegenrassen

Anhang

Die Ziege: eine Einführung

Auch wenn wir uns nicht völlig sicher sein können – und die Forschung liefert ständig neue Erkenntnisse –, wird allgemein angenommen, dass Ziegen im Nahen Osten vor rund 10 000 Jahren domestiziert wurden. Gemeinsam mit Schafen, die etwa um die gleiche Zeit in derselben Region domestiziert wurden, gehörten Ziegen zu den ersten domestizierten Nutztierarten.

Gegenüber *Fügsam, intelligent und leicht zu zähmen, sind Ziegen seit Jahrtausenden Begleiter des Menschen.*

Leicht zu zähmen, leicht zu füttern, widerstandsfähig und fügsam, halfen Ziegen unseren Vorfahren beim Überleben. Diese Tiere lieferten ihnen Fleisch und Milch, Häute und Felle, aus denen man Säcke zum Wassertragen und Kleidung herstellen konnte, Sehnen zum Nähen, Knochen und Hörner zur Herstellung von Werkzeugen, weiche Unterwolle zum Verspinnen und Filzen und Haare zum Anfertigen von Zeltstoffen. Zudem hielt das Verbrennen von Ziegenmist die einfachen Unterkünfte warm, und Mist konnte auch als Dünger eingesetzt werden. Als Packziegen trugen die Tiere Lasten und zogen Schlepptragen und Stangenleisten anderer Art. Für nomadisch lebende Menschengruppen waren sie eine perfekte Handelsware, und dieser Handel trug seinerseits dazu bei, Ziegen in der ganzen Welt zu verbreiten. In Afrika und im Nahen Osten galten Ziegen später als Maß für Reichtum, und große Ziegenherden waren damals ein wichtiges Statussymbol. Brautpreise und Mitgift wurde in Ziegen gezahlt, und Ziegen dienten als Opfergaben für die Götter.

Selbst heutzutage – im Westen sind wir an extrem saubere Show-Ziegen und Hochleistungs-Milchziegen gewöhnt – liefern Mehrnutzungsziegen den Menschen in Regionen, wo keine anderen Nutztiere gedeihen, Milch und Fleisch, die lebenswichtig sind. Ziegen sind die perfekten Nutztiere für Menschen mit knappen Ressourcen.

Rechts *Die freundliche, produktive Ziege wird oft als die «Kuh des armen Mannes» bezeichnet, denn sie gedeiht auch dort, wo größere, futterintensivere, Milch und Fleisch liefernde Nutztiere wie Hausrind und Wasserbüffel gewöhnlich nicht existieren können.*

Ziegen sind vor allem Laubfresser, keine ausschließlichen Grasfresser (sogenannte Mischäser); sie ernähren sich vorwiegend von Buschwerk, Laub und grobfasrigen Pflanzen, die andere Tierarten verschmähen oder nicht verdauen können. Ziegen können sich beim Äsen auf ihre Hinterbeine stellen und so noch in einer Höhe von 1,8–2,1 m Blätter von herabhängenden Ästen erreichen. Sie können zudem geschickt klettern und daher auch im Steilfels nach Nahrung suchen, wo Kühe und Schafe sich nicht hinwagen. Auf der Nahrungssuche können sie weite Entfernungen zurücklegen; zudem tolerieren sie extreme Temperaturen und kommen im Notfall auch mit Hitzestress und längerem Wassermangel zurecht.

All diese Eigenschaften machen Ziegen zu idealen Nutztieren für die Armen. Es ist nicht teuer, eine Ziege zu kaufen, sie unterzubringen, zu füttern oder zu halten. Wenn man mehrere Ziegen hält, so bietet dies mehr Gelegenheit zum Verkaufen und Handeln als die Haltung einer einzigen großen Kuh oder eines Wasserbüffels. Außerdem brauchen mehrere Ziegen weniger Platz als ein Rind. Überdies vermehren sich Ziegen problemlos und liefern schmackhafte Zicklein für den Speisezettel.

Ziegen sind gutmütig, intelligent und anhänglich, aber sie sind auch unabhängig, mutwillig, eigensinnig und zum Aus-der-Haut-Fahren. In diesem Buch erfahren Sie, woher Ziegen stammen, wie sie «ticken» und wie sie mit ihren menschlichen Haltern seit Jahrhunderten interagieren. Wenn Sie neugierig sind, Dinge aller Art über Ziegen zu erfahren, lesen Sie weiter.

Unten *Ziegen in Bäumen? Ja, tatsächlich! Ziegen können erstaunlich gut klettern; sie stammen schließlich von Bergziegen ab. Diese Klettermaxe suchen auf einem Arganbaum in Marokko nach Nahrung.*

ZIEGE IM DEUTSCHEN

Das deutsche Wort «Ziege» leitet sich vom althochdeutschen *ziga* bzw. vom mittelhochdeutschen *zige* ab.
Durch Martin Luthers Bibelübersetzung wurde der Begriff «Ziege» in der deutschen Literatursprache allgemein gebräuchlich und hat lokale Ausdrücke wie Zicke und Geiß (von germanisch *gait*) mehr und mehr verdrängt.
Und aus dem mittelhochdeutschen *zickelin* entwickelte sich unser «Zicklein».

Oben *Verwilderte Ziegen wie diese Zicklein stammen von Hausziegen ab, die in die Wildnis zurückkehrten. Verwilderte Ziegen gibt es noch in Teilen von England, den USA, Neuseeland und Australien.*

ÜBER DIESES BUCH

Unsere Geschichte der Ziege beginnt in Kapitel 1, in dem wir einen Blick auf den Weg werfen, den Ziegen im Lauf ihrer Domestikation genommen haben, vom prähistorischen Wildtier bis zum vierbeinigen Helfer des Menschen. Wir schauen uns echte Wildziegen an, darunter *Capra aegagrus*, die vor rund 10 000 Jahren im Fruchtbaren Halbmond domestiziert wurde und die Stammform der heutigen, weltweit verbreiteten Hausziegen ist, und erklären, warum ihre Haustierwerdung relativ einfach war. Überdies schauen wir uns an, wie sich Ziegen – zunächst im Gefolge jungsteinzeitlicher Hirten und später von europäischen Siedlern, seefahrenden Händlern und Entdeckern – rasch rund um den Globus ausbreiteten, wobei sie ihren Betreuern manchmal entkamen, in die freie Natur zurückkehrten und dort wieder verwilderten.

Kapitel 2 beschäftigt sich mit Biologie und Anatomie. Es gibt einen Überblick über das Skelett einer Ziege, ihre inneren Organe, ihre Klauen, ihr eindrucksvolles Gehörn und all ihre fünf Sinne. Wir gehen kurz auf Genetik, auf Kleinwüchsigkeit (Zwergwuchs) und auf die Gründe ein, warum manche Ziegen «in Ohnmacht» fallen. Zudem stellen wir eine breite Palette von Farbschlägen und Zeichnungen vor, bevor wir uns schließlich kurz mit den Unterschieden zwischen der Ziege und ihrem Vetter, dem Schaf, beschäftigen.

In Kapitel 3 geht es um das Zusammenleben und das Verhalten von Ziegen und darum, was Ziegen «bewegt». Dieses Kapitel erklärt, wie Ziegen miteinander interagieren und eine Rangordnung ausbilden und warum das für sie wichtig ist. Anschließend schauen wir uns ihr Werbeverhalten an – wann und wie sie sich fortpflanzen und wie sie ihren Geschlechtspartner finden. Es folgen Frühentwicklung, Spiel und Heranwachsen der Jungtiere (Zicklein). Wir beschäftigen uns auch mit den Lautäußerungen von Ziegen – warum sie meckern und was es bedeutet. Sind Ziegen intelligent? Ja, das sind sie, und wir zeigen Ihnen, woher wir das wissen.

In Kapitel 4 dreht sich alles um die richtige Pflege von Ziegen: um das Schneiden ihrer Klauen, die Unterstützung beim Werfen (Ablammen) und um allgemeine Gesundheitsthemen. Wir kümmern uns um das Wie und Warum des Umgangs mit Ziegen und ihres Trainings und auch darum, wie man mit unangenehmen Eigenarten von Ziegen umgeht.

Wir runden das Thema in Kapitel 5 ab, indem wir die Beziehungen zwischen Ziegen und Menschen ansehen: Milchziegen, Fleischziegen, Wollziegen, Ziegen für die Landschaftspflege, sogar Packziegen, die die Ausrüstung für Camper tragen. Wir erfahren, dass Ziegen früher häufig als Karren- und Kutschziegen dienten und wie sie diese Funktion auch heute noch erfüllen. Wir begegnen auch Ziegen, die früher auf Fotos mit Kindern posierten, und Ziegengespannen, die zu Anfang des 20. Jahrhunderts die Fuhrwerke der sogenannten Goat Men zogen. Ziegen spielen auch weltweit eine wichtige Rolle in Sagen und Legenden, und wir werden uns einige davon näher anschauen: die Ziegen, die Thors Streitwagen zogen, die Julböcke in Skandinavien und viele Ziegen-Gottheiten und Nymphen in aller Welt. Wir werden Ziegen treffen, die damals wie heute als Opfertiere oder als militärische Maskottchen dienen, und wir werden uns sogar mit der Verwendung von Ziegenhaut bei Musikinstrumenten beschäftigen, von den Trommeln bis zu den Dudelsäcken. Dieses Kapitel schließt mit einem Blick auf die Ziege in der Popkultur.

Kapitel 6 am Ende des Buches bietet schließlich ein Verzeichnis, in dem 48 Ziegenrassen aus aller Welt samt wichtigen Fakten und Zahlen für jede Rasse vorgestellt werden. Lesen Sie weiter und begegnen Sie der wunderbaren Ziege – es könnte sein, dass Sie diese Tiere niemals mehr so ansehen wie zuvor.

Oben *Ziegen wurden früher in Gebirgsregionen wie der Mongolei und Nepal als Packtiere («Packziegen») benutzt. Nun tragen sie Campingausrüstung für Wanderer und Abenteuertouristen in Nordamerika und Europa.*

10 FAKTEN ÜBER ZIEGEN

1. Der Ernährungs- und Landwirtschaftsorganisation der Vereinten Nationen (FAO) zufolge ist das Land mit der größten Ziegenpopulation China, gefolgt von Pakistan und Nigeria.

2. Indien ist der weltgrößte Produzent von Ziegenmilch, gefolgt von Bangladesch und Frankreich. Der größte Teil der Ziegenmilch in Indien und Bangladesch dient dem häuslichen Verbrauch; in Frankreich hingegen gehen 90 % der Ziegenmilch in die Käsezubereitung.

3. Ziegenfleisch wird überall auf der Welt gegessen, und Zickleinfleisch ist eine spezielle Delikatesse. In der Karibik und einigen Teilen Asiens, darunter Indien, Pakistan, Bangladesch, Sri Lanka und Nepal, wird dieses Fleisch von der englischsprachigen Bevölkerung als «mutton» bezeichnet, während mit «mutton» in Großbritannien, den USA und Australien das Fleisch erwachsener Schafe gemeint ist.

4. Von den 570 Ziegenrassen, die es weltweit gibt, sind nur 69 spezielle Milchziegenrassen. 221 Rassen stammen aus Europa und der Kaukasusregion, gefolgt von Asien mit 183 und Afrika mit 96 Rassen; Nordamerika weist mit 6 autochthonen Rassen die wenigsten auf.

5. Die Lebenserwartung einer artgerecht gehaltenen Ziege beträgt 12–15 Jahre. Dem Guinness-Buch der Rekorde zufolge war die älteste bekannte Ziege eine englische Geiß namens McGinty, die 22 Jahre und 5 Monate alt wurde.

6. Entgegen einiger Cartoons und Legenden fressen Ziegen keine Blechbüchsen, Müll oder Kleider von der Leine. Auch wenn Ziegen mit wenig Nahrung auskommen können und oft auch müssen, sind sie tatsächlich wählerische Esser – so verschmähen sie z. B. Futter, das mit Fäkalien verunreinigt oder auf den Boden gefallen ist. Das gilt allerdings nur bei ausgewogener und ausreichender Nahrung.

7. Anders als die Ziegenböcke in Cartoons bedrängen nicht kastrierte Männchen selten Menschen, die ihnen den Rücken zukehren, und stoßen sie mit ihren Hörnern in den Allerwertesten. Vielmehr stellen sich aggressive Ziegen demjenigen, den sie bedrohen wollen, von Angesicht zu Angesicht gegenüber; sie senken ihren Kopf, sodass die Hörner nach vorn weisen, oder sie erheben sich auf die Hinterbeine und stoßen auf die Person herab, die sie einschüchtern wollen. Aber selbst das ist selten, denn wenn sie nicht misshandelt werden, sind die meisten Ziegenböcke (ausgenommen misshandelte Tiere) ebenso freundlich wie die Weibchen und kastrierte Männchen («Mönche»).

8. Ziegen sind neugierig, gesellig und intelligent. Nach einer Untersuchung der Queen Mary University in London sind sie genauso gut in der Lage, mit Menschen zu interagieren und zu kommunizieren, wie Haushunde (mehr dazu in Kap. 3).

9. Die meisten Ziegen werden mit Hornansätzen (Hornknospen) geboren, die sich, wenn ihr Wachstum nicht künstlich behindert wird (siehe Kap. 3), zu Hörnern entwickeln. Laut dem Guinness-Buch der Rekorde 2018 ist die Ziege mit der größten Hornspannweite Rasputin, ein Bock der Rasse Walliser Schwarzhalsziege. Er lebt in Österreich, und sein Gehörn hat eine Spannweite von 140 cm.

10. Entgegen häufiger Behauptungen stinken Ziegen nicht. Übel riechend sind nur Ziegenböcke in der Brunst (siehe Kap. 3). In der Brunstzeit sondern die Horndrüsen am Hornansatz eine streng riechende, talghaltige Substanz ab, und die Böcke spritzen sich überdies mit dem eigenen Urin ein. Weibchen und kastrierte Männchen tun dies nicht. Ziegen, die in einer sauberen Umgebung gehalten werden, stinken nicht, wenn sie keinen Kontakt zu brünstigen Böcken haben.

KAPITEL 1

Domestikation

Systematische Stellung

Ziegen gehören zur Ordnung Paarhufer (Artiodactyla), zur Familie Hornträger (Bovidae), zur Unterfamilie Ziegenartige (Caprinae) und zur Gattung *Capra.* Fossile und molekulare Hinweise sprechen dafür, dass der gemeinsame Vorfahr der heute lebenden Ziegen im späten Miozän vor 11 Mio. Jahren in einer Gebirgsregion in Asien oder im Mittelmeerraum lebte. Die fossilen Überreste einer Proto-Ziege namens *Pachytragus crassiocornis*, die vor rund 8,2 Mio. Jahre lebte, wurden in Pikermi in Griechenland und in Maragheh im Iran ausgegraben. Im Jahr 2006 wurden die Knochen der ersten echten Ziege *(Capra dalii)* entdeckt; sie lebte vor rund 1,8 Mio. Jahren in der Nähe von Dmanissi in Georgien. Dieser Ort galt einst als die älteste menschliche Siedlung außerhalb von Afrika. Die Tatsache, dass neben den Knochen von *Homo erectus georgicus* Knochen von *Capra dalii* gefunden wurden, spricht dafür, dass diese Ziege damals gejagt wurde. Leider wissen wir jedoch nur sehr wenig darüber, wie sich die Stammform *Capra dalii* zu den vielen verschiedenen Wildarten entwickelte, die wir heute kennen.

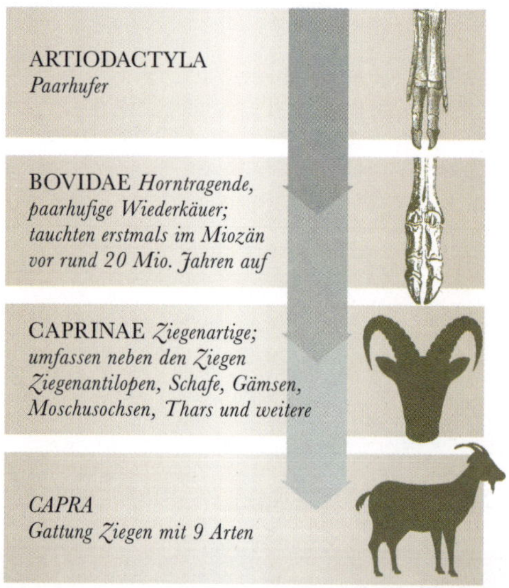

Links *Biologische Klassifizierung der Gattung* Capra. *Die Gattung enthält ihrerseits neun Arten, wie auf der gegenüberliegenden Seite zu sehen.*

Unten *Dieser alte deutsche Stich zeigt* Capra ibex *(links) und* C. falconeri *(rechts), zwei Arten, die schon lange vor der Domestikation von Ziegen in ihrem gesamten Verbreitungsgebiet stark bejagt wurden.*

CAPRA-ARTEN

Früher wurden nur zwei Ziegenarten unterschieden: die Schraubenziege *(Capra falconeri)* und alle übrigen, die als *Capra ibex* zusammengefasst wurden. Später änderte sich die Klassifikation. Anfangs galten der Iberiensteinbock *(Capra pyrenaica)*, der Sibirische Steinbock *(C. sibirica)* und der Äthiopische Steinbock *(C. walie)* als Unterarten des Alpensteinbocks *(C. ibex)*. Heute betrachtet man sie als eigenständige Arten, was nach moderner Zählung zu neun Arten führt. Die Hausziege (*Capra hircus* oder *C. aegagrus hircus*), die überall auf der Welt mit Ausnahme der Antarktis verbreitet ist, ist eine Unterart der Wild- oder Bezoarziege (*Capra aegagrus* oder *C. aegagrus aegagrus*). Die heute lebenden Arten sind rechts abgebildet.

CAPRA PYRENAICA
Iberiensteinbock, lebt auf der Iberischen Halbinsel

CAPRA IBEX
Alpensteinbock, lebt in den Alpen

CAPRA FALCONERI
Schraubenziege oder Markhor

CAPRA AEGAGRUS
Wild- oder Bezoarziege, lebt im Kaukasus, Zentralasien und Nahen Osten

CAPRA SIBIRICA
Sibirischer Steinbock, lebt in Zentralasien

CAPRA NUBIANA
Nubien- oder Syrischer Steinbock, lebt in NO-Afrika und in Teilen Arabiens

CAPRA CAUCASICA
Westkaukasischer Steinbock oder Kuban-Tur, lebt im Westkaukasus

CAPRA CYLINDRICORNIS
Ostkaukasischer Steinbock oder Dagestan-Tur, lebt im Ostkaukasus

CAPRA WALIE
Äthiopischer Steinbock, lebt in den nördlich Gebirgen Äthiopiens

Wildziegen werden zu Haustieren

In den Höhlenmalereien der Neandertaler in Frankreich und Spanien spielen Ziegen eine große Rolle. Diese Malereien datieren mindestens 64 000 Jahre und vielleicht noch deutlich länger zurück. Die ersten Beziehungen von *Homo*-Arten mit den frühesten Vertretern der *Capra*-Arten waren die von Jäger und Beute. Ziegen gehörten zweifellos zu den bevorzugten Beutetieren jagender Neandertaler; das belegt eine Fundstelle mit vielen Knochen des Westkaukasischen Steinbocks. Sie wurden in Ortvale Klde in Georgien ausgegraben und datieren 60 000–20 000 Jahre zurück. Dazu kommen Knochen, die in der gesamten Region des nahöstlichen Fruchtbaren Halbmonds in alten Abfallgruben mit Speiseresten gefunden wurden.

Jagen war ein gutes Mittel, um den täglichen Nahrungsbedarf zu decken, doch Jagdwild musste verfolgt werden und stand auch nicht immer zur Verfügung, daher erwies es sich schließlich als vorteilhafter, die Tiere ständig in der Nähe zu halten. Bereits sehr früh begannen die Menschen, mit der Domestikation verschiedener Tierarten zu experimentieren, um so einen ständigen Nachschub an Fleisch und Häuten sicherzustellen. Bei Tieren wie Gazellen gelang die Haustierwerdung nicht. Bei anderen, wie Ziegen, Hunden und Schafen, waren die Bemühungen des Menschen erfolgreicher, und diese Arten passten sich außerordentlich gut an.

Oben *Zeichnung einer Ziege an der Wand der Chauvet-Höhle in der französischen Ardèche-Region. Das Alter der Zeichnung wird auf 36 000 Jahre geschätzt. (Das hier gezeigte Bild ist ein Replikat der ursprünglichen Zeichnung.)*

DOMESTIKATION DER ZIEGE

Der Fruchtbare Halbmond war ein Domestikationszentrum für eine ganze Reihe von Pflanzen und Nutztieren, darunter Linsen, Gerste, Roggen, Flachs, Kichererbse, Rinder, Schweine, Schafe und Ziegen. Diese Region gilt im Allgemeinen als älteste bekannte Stätte der Ziegendomestikation, die rund 10 000 Jahre zurückdatiert (siehe S. 20).

Manche Arten ließen sich gut domestizieren, weil sie in der Regel bestimmte Verhaltensweisen zeigten. Beispielsweise mussten

Oben *Es ist bis heute umstritten, wann verschiedene Tierarten domestiziert wurden. Doch Ziegen und Schafe wurden vermutlich in derselben Region und etwa um dieselbe Zeit zu Haustieren.*

Unten rechts *Anfangs ging man davon aus, dass unsere Vorfahren mehr als eine einzige Wildziegenart domestizierten. DNA-Analysen haben jedoch gezeigt, dass nur* Capra aegagrus, *die Wild- oder Bezoarziege, die Stammform war.*

sie in der Lage sein, für sich selbst zu sorgen und in der Umgebung menschlicher Ansiedlungen genügend Nahrung zu finden, ohne mit dem Menschen um wertvolle Nahrungsressourcen zu konkurrieren. Sie mussten rasch geschlechtsreif werden, sei es für die Schlachtung, um als Zugtier zu dienen oder um sich fortzupflanzen. Sie mussten sich in Gefangenschaft gut vermehren und durften, was ihren Geschlechtspartner anging, nicht besonders wählerisch sein. Sie mussten rasch eine enge Bindung mit ihren Nachkommen eingehen, und diese mussten schon bald nach der Geburt mobil sein («Nestflüchter»). Außerdem mussten sie von Natur aus gefügig sein – sie durften nicht zu nervös sein, überreagieren oder leicht in Panik geraten; ferner mussten sie freiwillig mit Artgenossen in Gehegen leben. Und schließlich mussten sie sich an eine strenge soziale Hierarchie anpassen, in welcher der Mensch die Führung übernehmen konnte. Ziegen erfüllten all diese Voraussetzungen in beispielhafter Weise; deshalb wurden sie und die Schafe wahrscheinlich als erste Nutztiere domestiziert.

DER FRUCHTBARE HALBMOND

Wie Forschungsergebnisse zeigen, wurden Ziegen erstmals im Fruchtbaren Halbmond domestiziert, der «Wiege der Zivilisation» im Nahen Osten. Die Region bestand aus dem heutigen Irak, Syrien, Israel, Ägypten und Teilen der Türkei sowie des Irans.

In den 1960ern wurde die jungsteinzeitliche Siedlung von Ganj Dareh im Zagros-Gebirge im Iran entdeckt. Die dort ausgegrabenen Ziegenknochen stammten vorwiegend von männlichen Jungtieren, ein Hinweis darauf, dass die Bewohner weibliche Ziegen und ein paar ausgewachsene Böcke für die Zucht hielten und die jungen Böcke geschlachtet und gegessen wurden. Während der 100–200 Jahre langen Besiedlung von Ganj Dareh sahen die gerade erst domestizierten Ziegen noch immer wie ihre Bezoarziegen-Vorfahren (siehe S. 21) und die rundum lebenden, wilden Bezoarziegen aus: Die Domestikation war mit anderen Worten noch nicht so weit fortgeschritten, dass sich körperliche Veränderungen ergeben hätten (siehe Kasten).

Bereits sehr früh wurden Knochen von domestizierten Ziegen (Hausziegen) auch in Ali Kosch nachgewiesen, einer Halbwüsten-Ebene südlich von Ganj Dareh und 500–1000 Jahre später besiedelt. Die in Ali Kosch gefundenen Knochen zeigen bereits deutlich Veränderungen durch die Haustierwerdung: Diese Ziegen waren beträchtlich kleiner, und auch die Hörner der Böcke waren kleiner geworden; die meisten Weibchen trugen gar keine Hörner mehr. Da Ali Kosch außerhalb des Verbreitungsgebiets der Bezoarziege liegt, stammen die Vorfahren der Ziegen in dieser Siedlung wahrscheinlich aus Ganj Dareh.

Gegenüber *Auch wenn nicht sicher ist, dass die Domestikation tatsächlich in Ganj Dareh begann, ist es so gut wie sicher, dass sie im Zagros-Gebirge des heutigen Irans, Iraks und der südlichen Türkei stattfand, wo Anzeichen für Ackerbau bis in die Zeit 9000 v. Chr. zurückreichen. Schafe wurden in dieser Region zur selben Zeit wie die Ziegen domestiziert.*

DAS DOMESTIKATIONSSYNDROM

Wenn eine Art domestiziert wird, kommt es nach und nach zu körperlichen Veränderungen, durch die sich Haustiere von ihren wilden Vorfahren unterscheiden.

Im Lauf der Zeit wurden Ziegen zunehmend zahmer, und ihre Hörner wurden deutlich kleiner. Auch das Fell wurde länger, üppiger und manchmal sogar lockiger – oder es wurde kurz und glatt. Die Hausziegen entwickelten auch weiße Flecke an Gesicht und Körper und schließlich rassetypische Fellzeichnungen, viele zudem längere Schlappohren und eine kürzere Schnauze. Das Schädelvolumen wurde geringer und das Gehirn kleiner, ebenso die Zähne, und die Tiere kamen häufiger in den Östrus.

Durch künstliche Zuchtwahl wurden manche Tiere überdies kleiner, andere deutlich größer. Heute repräsentieren kleine Zwergziegen (siehe S. 68–69) das untere Ende der Größenskala, während einige der massigen pakistanischen und indischen Rassen – einschließlich Beetal-Ziege (links) und Kamori – inzwischen Weltrekorde brechen, wobei die Beetal schwerer als 300 kg werden können.

NEUE ASPEKTE DER DOMESTIKATION

Während Ganj Dareh allgemein als erster Ort der Domestikation von Ziegen gilt, haben viele Experten darüber hinaus die These vertreten, die erste Phase der Domestikation habe auch in anderen Teilen der Welt stattgefunden, beispielsweise in China, Indien und Pakistan. Neuere DNA-Analysen helfen uns zurzeit, Licht in dieses Dunkel zu bringen.

Im Gegensatz zur Kern-DNA, die von beiden Elternteilen vererbt wird (siehe S. 58–59), wird die mitochondriale DNA (mtDNA) nur von der Mutter an ihre Nachkommen weitergegeben und kann daher zur Untersuchung der matrilinearen Linie eingesetzt werden. Die Analysen von mtDNA einer Vielzahl von modernen Ziegenrassen aus aller Welt haben ergeben, dass sich die heutigen Ziegen aus sechs eigenständigen matrilinearen Linien entwickelt haben, wobei die Angehörigen von jeder dieser sechs Gruppen – sogenannter Haplogruppen – eine gemeinsame Vorfahrin teilen.

Einige Experten nehmen an, dass sich Haplogruppe A von einer weiblichen Bezoarziege aus dem Zagros-Gebirge (wahrscheinlich aus Ganj Dareh) ableitet, andere vermuten hingegen, dass diese Haplogruppe aus Ostanatolien stammt, wo sie in den heutigen, dort wild lebenden Bezoarpopulationen häufig ist. Neuere archäologische Indizien sprechen ebenfalls für eine Domestikation in Ostanatolien, die vor 11 000–10 500 Jahren ihren Anfang nahm; das wäre also früher als in der Siedlung Ganj Dareh. Aus anatolischen Hausziegenknochen lässt sich zudem schließen, dass körperliche Veränderungen, wie eine geringere Größe und kleinere Hörner, um diese Zeit bereits stattgefunden hatten. Was die kleineren Haplogruppen betrifft, so lässt sich die Domestikation in jedem Fall zu einer Ziege zurückverfolgen, die in der entsprechenden Region heimisch ist. Weitere Untersuchungen werden diese Fragen klären.

ZIEGEN-HAPLOGRUPPEN

Im Jahr 2018 wurden Daten von 83 wilden und domestizierten Ziegen von vorsteinzeitlichen bis zu mittelalterlichen Fundstätten rund um den Fruchtbaren Halbmond mit alten und modernen Proben aus Afrika, Europa, Asien und dem Nahen Osten verglichen. Die meisten domestizierten alten Ziegen gehörten zu mitochondrialen Haplotypen, die sich auch bei modernen Ziegen noch nachweisen lassen.

Haplogruppe	Land oder Region	Prozentsatz bei modernen Hausziegen
A	weltweit	90,86%
*B1	Asien, Subsahara-Afrika und Griechenland	4,4%
*B2	China und Mongolei	1,44%
C	Asien und Europa	1,44%
D	Asien und Mitteleuropa	0,54%
F	Szilien	0,12%
G	Naher Osten und Nordafrika	1,11%

*Haplogruppe B wird in zwei Untergruppen, B1 und B2, unterteilt, die ursprünglich eine gemeinsame Vorfahrin hatten, sich dann aber aufteilten.

Oben *Die Wildform* Capra aegagrus *(Stich von 1836) ist die Stammform der modernen Ziegenrassen; man findet sie heute noch in den Gebirgen Vorderasiens und im Nahen Osten.*

DIE BEZOARZIEGE KAM ZUERST

Es gilt inzwischen als sehr wahrscheinlich, dass sämtliche heutigen (rezenten) Ziegenrassen auf die Bezoarziege zurückgehen – sie ist auch als Wildziege, Pasang (Farsi für «felsengängig») und *Capra aegagrus* (von griech. *aigagros*, «wilde Ziege») bekannt.

Heute ist die Bezoarziege eine vom Aussterben bedrohte, wilde Ziegenart, die man nur noch in geringer Zahl in den Gebirgen Vorderasiens und des Nahen Ostens findet. Sie kommt auch noch auf einigen ägäischen Inseln und auf Kreta vor. Dort stellen die Tiere vermutlich Reliktpopulationen früher Hausziegen dar, die während der neolithischen Revolution auf die Mittelmeerinseln gebracht wurden und heute verwildert sind (mehr über die Bezoarziege auf S. 164).

WILD, GEZÄHMT ODER DOMESTIZIERT?

Mit Sicherheit hat der Menschen schon wilde Ziegen gezähmt, bevor diese im Nahen Osten domestiziert wurden. Wildziegen, die als Zicklein gefangen und aufgezogen wurden, ließen sich wahrscheinlich recht leicht zähmen.

Aber eine Domestikation ist mehr als Zähmung – sie bedeutet, dass Menschen eine Art selektiv züchten, um sie an menschliche Bedürfnisse anzupassen, und dieser Prozess zieht sich über Generationen hin.

Echte Wildziegen sind nicht nur wild im Verhalten, sondern stammen auch zu 100 % von einer der neun wilden Arten der Gattung *Capra* ab.

Verbreitung über die ganze Welt

Gleichgültig, ob Ziegen nun zuerst in Ganj Dareh, in Ostanatolien oder an einem bisher noch nicht bekannten Ort domestiziert wurden – sie breiteten sich auf jeden Fall recht schnell durch den gesamten Nahen Osten aus. Wahrscheinlich geschah dies durch Handel und Neubesiedlung, wie wichtige archäologische Funde belegen.

AUFBRUCH ZU NEUEN UFERN

Klimaänderungen und Bevölkerungswachstum führten im Lauf der Zeit dazu, dass sich jungsteinzeitliche Bauern auf Wanderschaft begaben. Haustiere als bewegliche, mitwandernde Nahrungsquelle machten dies mög-

Oben *Diese kleine Bronzefigur eines Steinbocks stammt aus der Zeit um 1000 v. Chr. und ist typisch für Objekte, die im westlichen Iran in der frühen Eisenzeit als Grabbeigaben dienten.*

Unten *Dieses Trinkgefäß zeigt eine geflügelte Ziege; es stammt aus Nisa, Turkmenistan, und zwar aus dem 2. Jh. v. Chr. Nisa war die Hauptstadt des antiken Partherreiches.*

ARCHÄOLOGISCHE SCHLÜSSELFUNDE

- Aşıklı Höyük, Türkei (besiedelt 8000–7800 v. Chr.). Ausgrabungen sprechen dafür, dass in der Siedlung Schafe und Ziegen gefangen gehalten wurden, ein frühes Zeichen der Domestikation. Manche glauben, dies sei der Ort in Anatolien, an dem Ziegen erstmals domestiziert wurden.
- 'Ain Ġhazāl, Jordanien (7250–5000 v. Chr.). Eine große Siedlung mit rund 3000 Bewohnern. Ziegen, erst wild, dann domestiziert, waren dort eine wichtige Nahrungsquelle. Man fand besonders viele Beinknochen, was für ein Anbinden der Tiere spricht.
- Mehrgarh, Pakistan (7000 v. Chr.). Um 5500 v. Chr. hielten die Bewohner bereits Hausschafe und Hausziegen. Dies ist eine der frühesten Siedlungsstätten mit Hinweisen auf Ackerbau und Viehzucht in Südasien. Sie galt früher als Ursprung der Ziegendomestikation.
- Göytəpə, Aserbaidschan (6000–5500 v. Chr.). Obgleich die Bewohner auch Wildtiere jagten, stammten mehr als 80 % der gefundenen Tierknochen von Hausziegen, Hausschafen, Hausrindern und Hausschweinen.
- Dscheitun, südliches Turkmenistan (6000–3500 v. Chr.). Tonstatuetten, dekorierte Keramik und kleine Steinbeile, die in Dscheitun gefunden wurden, zeigen Ähnlichkeiten mit denjenigen von neolithischen Fundstätten im Zagros-Gebirge, einschließlich Ganj Dareh. Die Bewohner von Dscheitun hielten Hausziegen und Hausschafe und jagten darüber hinaus Wildziegen.

lich, und Ziegen waren besonders nützlich, da sie einem Leittier folgten und sich an Land oder per Boot leicht transportieren ließen. Diese Migrationen folgten drei verschiedenen Routen.

Die erste wichtige Route – die Donauroute – folgte den Tälern von Donau und Rhein nach Norden und nach Westen in die Tiefebenen von Mittel- und Nordeuropa. Selbst kleine Entfernungen kosteten viel Zeit, denn man war zu Fuß unterwegs, und die Herden mussten unterwegs weiden. Man blieb stets in der Nähe der großen Flüsse und ihrer Zuflüsse, und unterwegs legten manche Gruppen zeitweilige Siedlungen an, während andere in Südungarn, Mähren und Böhmen dauerhafte Siedlungen gründeten. Ziegen und ihre Hirten erreichten um 6000 v. Chr. die Balkanregion, um 5400 v. Chr. Mitteleuropa und um etwa 4000 v. Chr. die britischen Inseln sowie Skandinavien

Eine zweite Route führte übers Meer. Der nördlichen Küstenlinie des Mittelmeers folgend, erreichten die Hausziegen mit ihren Hirten um 7000 v. Chr. Griechenland und Zypern, um 5700 v. Chr. Südfrankreich und um 5400 v. Chr. die Süd- bzw. Westküste von Iberien (dem heutigen Spanien).

Eine dritte Route folgte der Südküste des Mittelmeers und führte damit nach Afrika, wo sie westwärts längs der nordafrikanischen Küste verlief. Die Hirten erreichten wahrscheinlich um 4800 v. Chr. Haua Fteah in Libyen und um 4000 v. Chr. die Capeletti-Höhle in der Sahara. Schließlich zogen Ziegen und ihre Hirten vor 5000–4000 Jahren durch Afrika südwärts und erreichten den Süden des Kontinents um 20 n. Chr.

Unten *Ziegen verbreiteten sich auf drei Routen über ganz Europa und Afrika. In einigen Fällen erreichten sie die Ziele über verschiedene Verbreitungsrouten. Beispielhaft sind drei rezente Ziegenrassen dargestellt, die das Erbe eingewanderter Ziegenrassen teilweise noch in sich tragen. Die Spanish-Ziege kommt nicht in Spanien vor, sondern ist aus spanischen Ziegen in Nordamerika entstanden.*

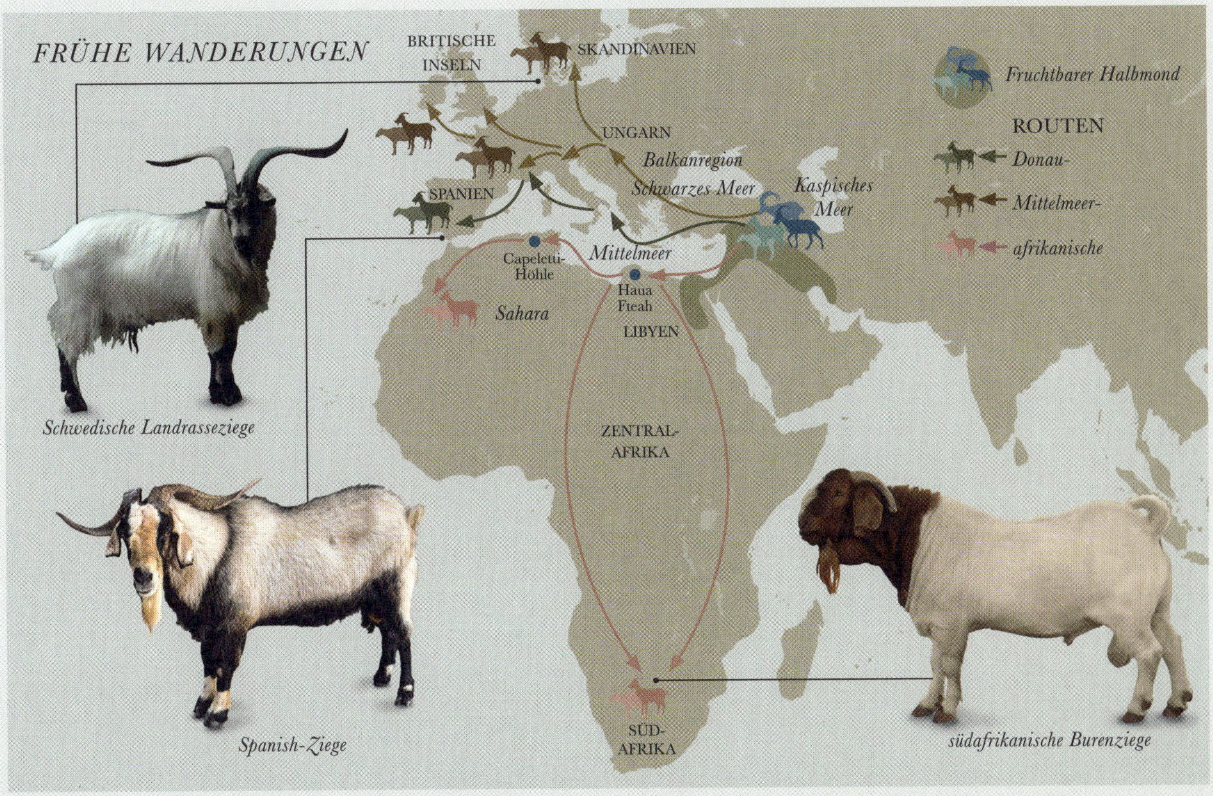

DAS ZEITALTER DER ENTDECKER

Hausziegen waren in Europa und Asien zwar schon lange etabliert, doch ihr Siegeszug um die Welt begann erst wirklich, als europäische Entdecker Ende des 15. Jahrhunderts auf die Neue Welt stießen und Siedler auszogen, um neue Länder zu kolonialisieren. Spaniens Beitrag in dieser Ära war typisch für viele europäische Nationen.

Insgesamt kolonialisierten die spanischen Siedler die Philippinen, Hispaniola, Puerto Rico, Jamaika, Kuba, Trinidad, große Teile von Südamerika, fast ganz Mittelamerika, ferner Mexiko, Florida, den Südwesten und die Pazifikküstenregion der USA sowie Gebiete in Nordafrika und Ozeanien. Und wohin die Spanier auch gingen, sie nahmen Ziegen mit.

Ziegen ließen sich leicht transportieren und waren robust genug für das Leben an Bord; sie lieferten Milch, Fleisch und Häute und machten sich zudem bei der Abfallentsorgung an Bord nützlich. Überdies ließen spanische Seeleute längs ihrer Schifffahrtsrouten Ziegen auf unbewohnten Inseln frei, denn sie wussten, dass die Tiere überleben und sich vermehren würden, und das bedeutete Frischfleisch auf späteren Reisen. Ziegen begleiteten die Entdecker auch auf Landreisen als mitwandernde Fleischvorräte,

Unten *Im Zeitalter der Entdeckungsreisen wurden Ziegen mit an Bord genommen, um auf hoher See Milch und Fleisch zu liefern und auch um auf unbewohnten Inseln Ziegenpopulationen zu etablieren.*

ALEXANDER SELKIRK

Der berühmte schottische Seefahrer Alexander Selkirk war ein Offizier der Royal Navy, der nach einem Streit mit seinem Kapitän auf einer unbewohnten Insel des chilenischen Juan-Fernández-Archipels ausgesetzt wurde. Zum Glück für Selkirk hatten andere Seefahrer bei einem früheren Besuch einige Ziegen auf der Insel zurückgelassen, sodass sich eine verwilderte Population etabliert hatte. Selkirk gelang es, mehr als vier Jahre zu überleben, indem er sich von der Milch und dem Fleisch dieser Ziegen ernährte und sogar Kleidung aus ihren Häuten herstellte.

Unten *Der britische Entdecker Captain James Cook brachte Ziegen nach Neuseeland, Australien und Hawaii.*

und Tiere, die unterwegs entkamen, bauten verwilderte Populationen auf (siehe S. 26–27).

Die meisten dieser Auswilderungen sind zwar nicht schriftlich belegt, doch auch englische, portugiesische und niederländische Seeleute setzten Ziegen auf unbewohnten Inseln aus. Eines der bekanntesten Beispiele ist der britische Entdecker Captain James Cook, der zwischen 1768 und 1779 mit der HMS *Endeavour* drei Reisen in den Pazifik unternahm. Auf diesen Reisen setzte seine Crew Ziegen auf Niihau auf dem Hawaii-Archipel wie auch auf mehreren Inseln vor der Küste von Neuseeland aus. Als der amerikanische Kommandant Matthew Perry im Rahmen seiner Mission, japanische Häfen für den Handel mit dem Westen zu öffnen, 1853 zum ersten Mal nach Japan gelangte, ließ er sechs Ziegen auf den Bonininseln an der Südspitze von Japan freisetzen.

Verwilderte Ziegen

Verwilderte Ziegen sind Hausziegen, die ihren Haltern entkommen sind oder die absichtlich freigelassen wurden, um selbst für sich zu sorgen. Heute führen diese Ziegen ein wildes und freies Leben an Standorten rund um die Welt, z. B. in Australien, Kreta, Hawaii, Großbritannien, Chile, Japan und im Westen der USA. Oft gelten diese Populationen als problematisch: Verwilderte Ziegen ärgern die Grundbesitzer, weil sie mit den Nutztieren wie auch mit der heimischen Fauna um Ressourcen wie Futter und Wasser konkurrieren. Zudem können sie die schützende Pflanzendecke des Bodens zerstören, den Boden mit ihren Hufen verdichten und die Regeneration von Bäumen und Sträuchern gefährden, weil sie die Jungpflanzen abfressen. Wenn Laub und Raufutter knapp sind, kann es auch passieren, dass sie die Grasnarbe überweiden.

Wie bereits erwähnt, waren Schiffsziegen beliebte Begleiter und wurden oft vorsätzlich auf unbewohnten Inseln ausgesetzt, um sich dort zu vermehren. Dies hat dazu geführt, dass sie rund um die Welt auf vielen Inseln präsent sind. Da es dort aber weitgehend an Fressfeinden fehlte, stieg ihr Bestand rasant an und wirkte sich negativ auf das lokale Ökosystem aus. Und das ist auch heute noch der Fall.

Rechts ***In Australien führte der riesige Bestand an verwilderten Ziegen durch Überweidung und Konkurrenz mit Nutztieren zu großen wirtschaftlichen und ökologischen Schäden.***

GREAT ORME

Nicht alle verwilderten Ziegenpopulationen gelten als Plage. So werden einige der kleineren Herden in Europa toleriert und genießen aufgrund ihres historischen Wertes und als Touristenattraktion sogar einen gewissen Schutz. Eines der bekanntesten Beispiele ist eine Herde wilder Kaschmirziegen (gegenwärtig 122 Tiere), die im Great Orme County Park in Llandudno an der Nordwestküste von Wales leben. Ende des 19. Jahrhunderts erwarb Sir Savage Mostyn zwei Kaschmirziegen aus Königin Victorias Windsor-Herde (siehe auch S. 150–151) für seinen Landsitz Gloddaeth Hall in Llandudno. Vor rund 100 Jahren gelangte die Herde, die von diesem Paar abstammt, nach Great Orme. Damit sich die Tiere auch ohne ständige Keulung nicht zu stark vermehren, erhält ein Teil der Weibchen Injektionen mit Verhütungsmitteln.

Alle Kaschmirziegen auf Great Orme sind weiß, langhaarig und haben ausgeprägte Stirnfransen. Die Böcke tragen sehr große, säbelförmige Hörner. Die Hörner der Weibchen sind hingegen kurz und schlank.

ZIEGEN IN AUSTRALIEN

Überall auf der Welt sind verwilderte Ziegen fruchtbar und erfolgreich, doch nirgendwo sind sie ein solches Problem wie in Australien. 1788 gelangten mit der First Fleet 19 Ziegen nach Australien, und weitere sollten bald folgen. Einige besonders robuste Ziegen, die perfekt an das australische Klima angepasst waren, konnten entkommen und vermehrten sich prächtig. In einem missglückten Versuch, eine australische Textilindustrie aufzubauen, importierten Existenzgründer zwischen 1860 und 1900 Kaschmirziegen. Als das fehlschlug, wurden die Ziegen in die Wildnis entlassen und schlossen sich den verwilderten Ziegenpopulationen an.

Da es in Australien außer Dingos keine natürlichen Fressfeinde gibt, konnte die Ziegenpopulation außerordentlich rasch wachsen. Die Regierung von Queensland hat berechnet, dass sich die nationale Ziegenpopulation ohne Keulung alle 1,6 Jahre verdoppeln würde. Die Zahlen schwanken zwar stark, doch amtlichen Schätzungen zufolge lebten 2011 2,6 Mio. verwilderte Ziegen auf nur 28 % der australischen Landfläche (eingeschlossen die Inseln vor der Küste) und verursachen jedes Jahr Schäden von ca. 7,7 Mio. Dollar. Wie überall verursachen verwilderte Ziegenpopulationen beträchtliche Umweltschäden und konkurrieren mit anderen Arten. Aber es gibt einen Silberstreif am Horizont: Australisches Ziegenfleisch ist für den Export sehr begehrt, rund 90 % stammt von eingefangenen verwilderten Ziegen.

Unten *Manche Landwirte in Australien fangen verwilderte Ziegen ein und verkaufen sie an Schlachthöfe, während andere sie in traditionelle Viehzuchtprogramme eingliedern. Der größte Teil des australischen Ziegenfleischs wird exportiert.*

KAPITEL 2

Anatomie & Biologie

Anatomie einer Ziege

Heutzutage findet man Ziegen auf allen Kontinenten (mit Ausnahme der Antarktis) in großer Zahl. Allgemein werden sie wegen ihrer Milch, ihres Fleisches, ihrer Häute und ihrer Wolle gehalten, aber auch als Arbeits- und Heimtiere. Der Ernährungs- und Landwirtschaftsorganisation der Vereinten Nationen (FAO) zufolge gab es 2011, zur Zeit der letzten Zählung, mehr als 875,5 Mio. Ziegen auf der Welt sowie mindestens 570 anerkannte Rassen. Bei allen Rassen und unter Berücksichtigung der Geschlechtsunterschiede zwischen Geißen und Böcken ist die Grundanatomie einer Ziege jedoch immer dieselbe.

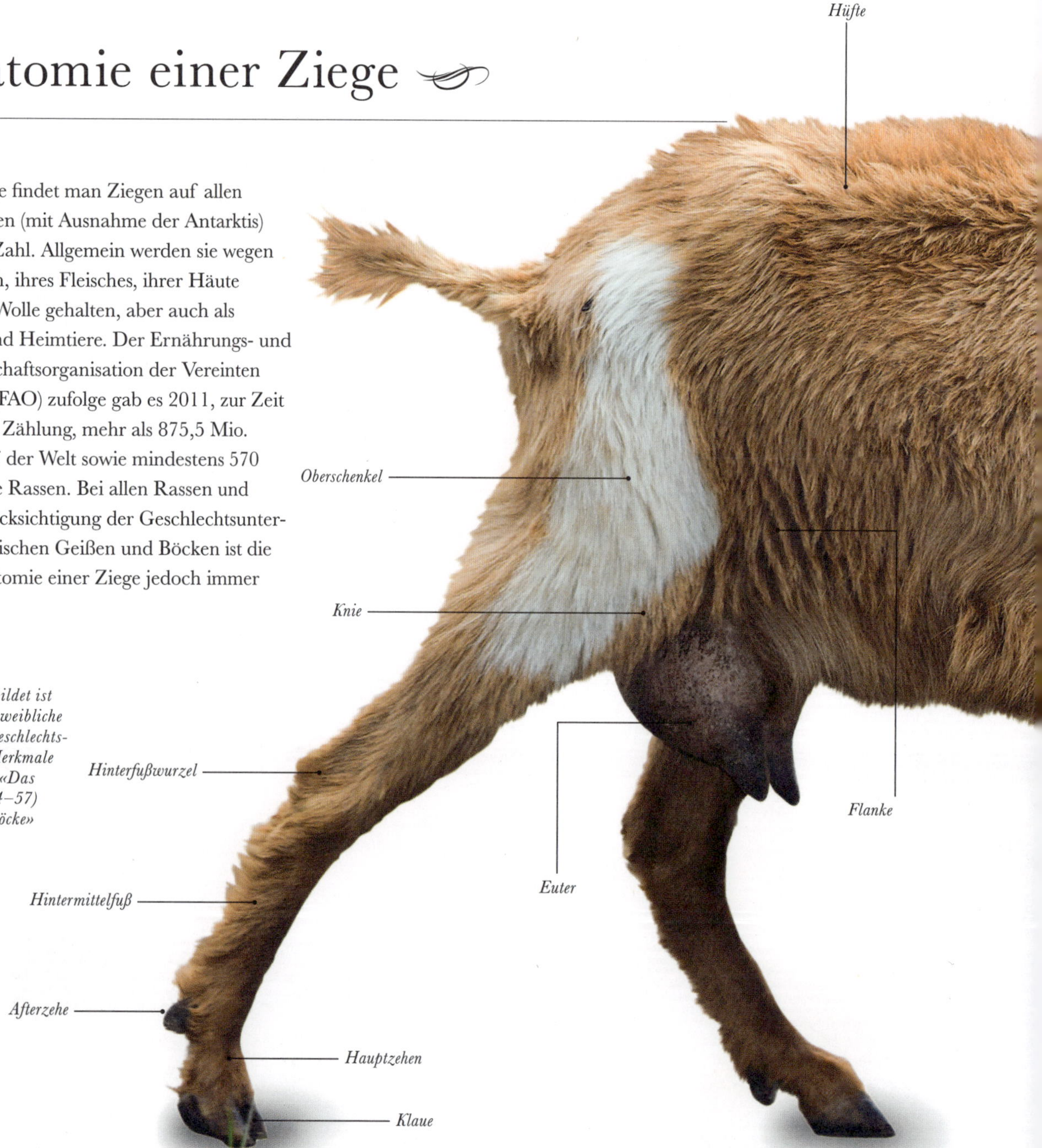

Rechts *Abgebildet ist eine gehörnte weibliche Ziege. Was geschlechtsspezifische Merkmale angeht, siehe «Das Euter» (S. 54–57) und «Ziegenböcke» (S. 80–83).*

ZIEGEN ALS SÄUGETIERE

Ziegen sind warmblütige Wirbeltiere der Klasse Mammalia (Säugetiere). Alle Säugetiere verfügen über Milchdrüsen, die bei den Weibchen (in diesem Fall die Geißen) Milch produzieren, mit denen diese ihren Nachwuchs (hier Zicklein) ernähren. Zudem sind Säugetiere behaart und besitzen ein Mittelohr, in dem Schallwellen von einer Kette aus drei Gehörknöchelchen vom Trommelfell zum Innenohr weitergeleitet werden. Zudem weist ihre Schädelbasis zwei Gelenkflächen auf, die auf den passenden Gelenkflächen des ersten Halswirbels aufliegen. Ferner zeichnet sich ihr Gehirn durch einen Neocortex aus, der mit höheren Gehirnfunktionen wie räumliches Vorstellungsvermögen, Kognition, Gedächtnis und sensorische Wahrnehmung einhergeht.

Lebenszyklus der Ziege

Im Leben einer Ziege gibt es vier charakteristische Altersstadien – Zicklein, Jungziege, adultes Tier und alterndes Tier. Wann genau eine Ziege die drei späteren Stadien erreicht, hängt zum großen Teil von der Rasse, dem Ernährungszustand, Parasitenbefall, Krankheiten und Haltungsbedingungen ab.

ZICKLEIN

Die Zicklein werden nach einer Tragzeit von rund fünf Monaten geboren, und ein Wurf umfasst in der Regel 1–5 Jungtiere. Gesunde Zicklein wiegen 1–6,4 kg, je nach Rasse, Geschlecht, Ernährungszustand der Mutter und anderen Faktoren.

Bei den meisten verwilderten Ziegen und Ziegen, die unter natürlichen Bedingungen aufgezogen werden, werden die Jungen im Alter von 3–5 Monaten entwöhnt. Manche Muttertiere entwöhnen ihren Nachwuchs allerdings erst dann, wenn der nächste Wurf ansteht. Viele Ziegenhalter trennen die Jungtiere im Alter von 10–14 Wochen von den Müttern.

Die Rasse hat starken Einfluss auf den Eintritt der Pubertät; kleine Rassen werden bereits mit 3 Monaten oder weniger geschlechtsreif, während bei größeren Rassen 5–7 Monate eher die Norm sind.

ZIEGENTERMINOLOGIE

Bock, Ziegenbock
Unkastrierte männliche Ziege, die gewöhnlich zu Zuchtzwecken gehalten wird.

Jungbock, Böckchen
Unkastrierte männliche Ziege unter einem Jahr

Mönch
Kastrierte männliche Ziege

Geiß, Zicke
Weibliche Ziege

Zicklein, Kitz
Juvenile Ziege, unabhängig vom Geschlecht

Überläufer
Ein bis zwei Jahre alte Ziege, unabhängig vom Geschlecht

Rechts *Die wichtigsten Stadien im Leben einer Ziege. Die alternde Ziege ganz rechts ist nach vielen Trächtigkeiten unförmig geworden, sodass eine typische «Sattelform» entstanden ist.*

Unten *Adulte Ziegen unterscheiden sich beträchtlich in Gewicht und Größe; die Spanne reicht von den kleinen Westafrikanischen Zwergziegen bis zu den riesigen asiatischen Beetals. Auch der Felltyp ist sehr variabel. Mehr Information zu diesen und anderen Rassen finden sich im Rassekapitel am Ende des Buches.*

JUNGZIEGEN (ADOLESZENZSTADIUM)

Eine heranwachsende Ziege zwischen ein und zwei Jahren wird als Überläufer bezeichnet. Die Geschlechtsreife ist jedoch ein besserer Indikator für den Beginn der Adoleszenz. Die meisten weiblichen Ziegen pflanzen sich mit etwa einem Jahr erstmals fort und werden dadurch zu Adulttieren.

ERWACHSENE TIERE

Die meisten Ziegen sind mit 2 oder 3 Jahren körperlich ausgereift. Die meisten Geißen werfen nun einmal pro Jahr, und ihre Milchproduktion ist auf voller Leistung. Die Böcke können nun 50 und mehr Weibchen pro Saison begatten; kastrierte männliche Arbeitsziegen können eine volle Last tragen oder ziehen.

ALTERNDE ZIEGEN (SENIOREN)

Wann eine Ziege altert, hängt zum großen Teil davon ab, wie sie im Lauf ihres Lebens gehalten wurde. Eine weibliche Fleischziege, die jedes Jahr zweimal werfen muss, kann bereits mit 8 Jahren alt sein, während eine gut gehaltene, 10-jährige Milchziege vielleicht noch immer viel Milch gibt und einmal im Jahr gesunde Zicklein wirft. In der Regel kann man eine Ziege mit 9 oder 10 Jahren als alt ansehen, während eine 12- oder 15-jährige Ziege, die gut gehalten wurde, bejahrt, aber noch nicht uralt ist. Wichtig ist ferner der Zahnzustand einer Ziege, das Geschlecht (kastrierte Männchen leben tendenziell länger als Weibchen und Böcke) und die Rasse: Einige Rassen sind berühmt für ihre Langlebigkeit.

ZIEGEN IM VERGLEICH

RASSE	GEWICHT (Bock)	WIDERRISTHÖHE (Bock)	HAARTYP
Westafrik. Zwergziege	20–25 kg	30–50 cm	kurz, aber nicht glatt
Islandziege	59–75 kg	76–81 cm	sehr lang, leicht lockig, bauschige Stirnfransen
Walliser Schwarzhalsziege	66–90 kg	76–86 cm	lang, glatt oder etwas lockig
Golden Guernsey	mindestens 58 kg	höchstens 71 cm	variiert etwas, gewöhnlich lang und glatt
Weiße Deutsche Edelziege	75–95 kg	79–89 cm	kurz, aber nicht glatt
British Saanen	mindestens 77 kg	mindestens 81 cm	kurz, kann glatt oder leicht rau sein
Damaskus-Ziege, Schami	77–90 kg	81–86 cm	lang und glatt oder etwas gewellt
Nubier-Ziege	mindestens 79 kg	mindestens 89 cm	kurz und glatt
Angoraziege	82–102 kg, geschoren	122 cm	lang und lockig
Beetal	57–136 kg Weltrekord 2019: 310 kg	mindestens 91 cm	kurz und glatt

Achsenskelett & Schädel

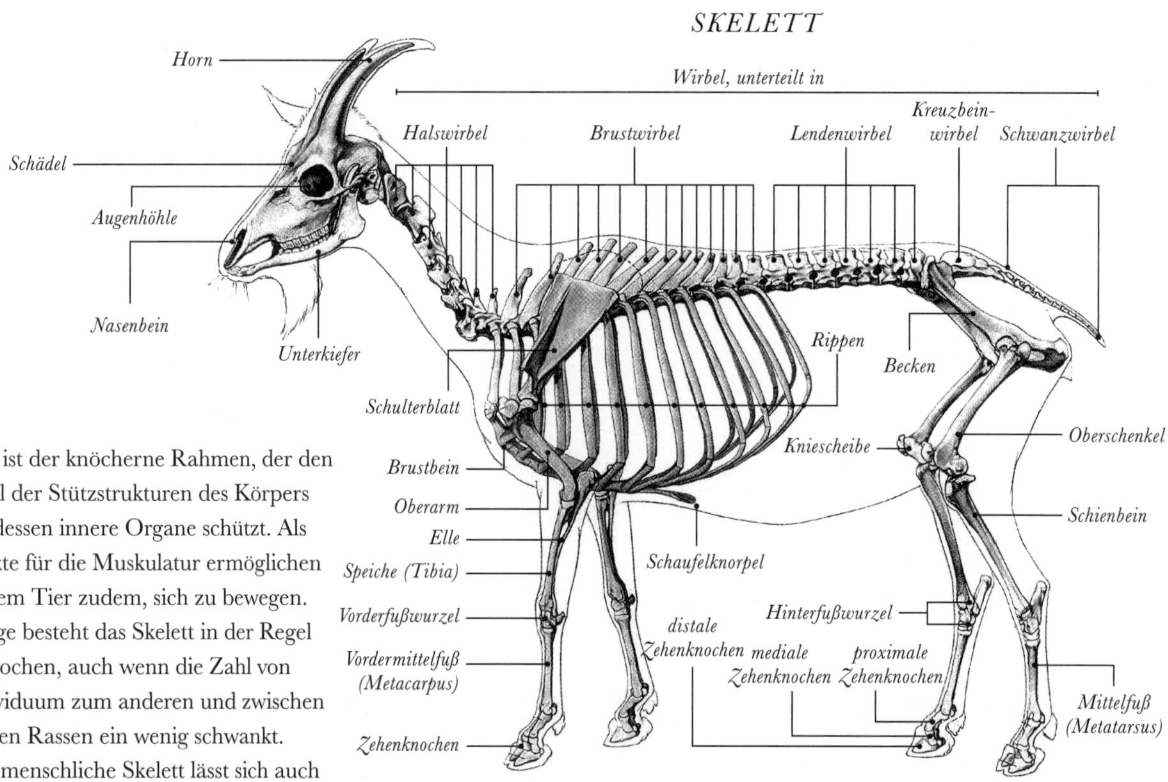

Das Skelett ist der knöcherne Rahmen, der den größten Teil der Stützstrukturen des Körpers bildet und dessen innere Organe schützt. Als Ansatzpunkte für die Muskulatur ermöglichen Knochen dem Tier zudem, sich zu bewegen. Bei der Ziege besteht das Skelett in der Regel aus 189 Knochen, auch wenn die Zahl von einem Individuum zum anderen und zwischen den einzelnen Rassen ein wenig schwankt.

Wie das menschliche Skelett lässt sich auch das Skelett einer Ziege in zwei Teile unterteilen: das axiale Skelett (Achsenskelett) und das appendikuläre Skelett (Appendikularskelett).

DAS ACHSENSKELETT

Das Achsenskelett besteht aus den Wirbeln, den Rippen und dem Brustbein (Sternum). Dem oberen Ende der Wirbelsäule sitzt der Schädel auf.

Der Schädel setzt sich aus vielen Knochen zusammen, die durch bindegewebige Nahtstellen (Suturen) miteinander verbunden sind. Durch die große Anzahl von Schädelknochen unterschiedlicher Form und Größe kann die Kopfform verschiedener Individuen beträchtlich variieren.

Die Wirbelsäule besteht aus einer Folge von Wirbeln. Die 7 Halswirbel verleihen Kopf

Oben *Nicht alle Ziegen haben exakt 189 Knochen, weil die genaue Zahl der Rippenwirbel, der Lendenwirbel und der Schwanzknochen individuell variieren kann.*

und Hals ihre Beweglichkeit. Darauf folgen rund 13 Brustwirbel, jeder Wirbel mit einem Rippenpaar. 6 oder 7 Lendenwirbel sorgen für die Beweglichkeit der Lendenregion. Das Kreuzbein ist aus der Verschmelzung von 4 Kreuzbeinwirbeln entstanden und wird in der Regel als einzelner Knochen bezeichnet. Und schließlich sind da noch die Schwanzwirbel. Ihre Anzahl schwankt stark von Ziege zu Ziege; einige Tiere haben nur 4 Schwanzwirbel, andere bis zu 12.

Das erste Rippenpaar ist kurz, gerade und dick. Zum Zentrum des Brustkorbs hin sind die Rippen länger und stärker gekrümmt, anschließend werden sie wieder kürzer, doch die Krümmung nimmt weiter zu. Gewöhnlich sind 13 Rippenpaare vorhanden, von denen die meisten mit dem Brustbein (Sternum) im vorderen Brustbereich verbunden sind; sie werden daher als sternale oder echte Rippen bezeichnet. Diese Rippen sind ventral fixiert. Manchmal gibt es auch ein bis zwei Paar asternale oder freie Rippen, die nicht am Brustbein ansetzen, doch sie treten nicht bei allen Ziegen auf.

DAS APPENDIKULARSKELETT

Das Appendikularskelett besteht aus den Knochen der Extremitäten – den Vorder- und den Hinterbeinen – sowie Schulter- und Beckengürtel. Das Vorderbein setzt am Schulterblatt an und umfasst Oberarm, Unterarm und Vorderfuß; das Hinterbein setzt am Becken an und umfasst Oberschenkel, Unterschenkel und Hinterfuß. In jedem Fuß finden sich vier Vorder- bzw. Hinterzehen (Phalangen). Nur jeweils zwei, nämlich der dritte und vierte Zeh, sind voll entwickelt und bilden die Hauptzehen. Die beiden anderen sind zurückgebildet und enthalten ein bis zwei Knochen; sie bilden die Afterzehen. Das Klauenbein ist der größte Knochen jeder Zehe.

SCHÄDEL

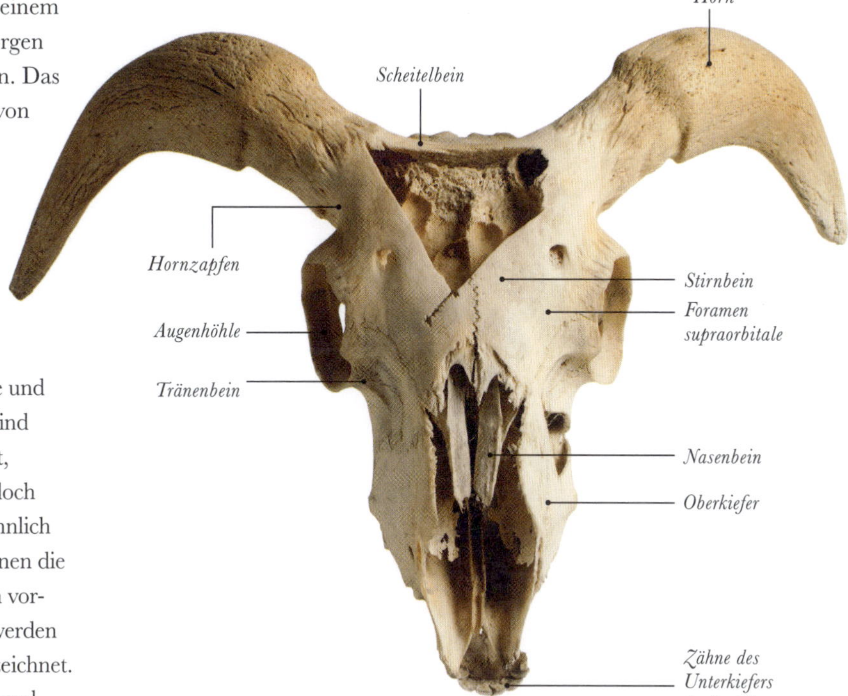

KNOCHEN DES VORDERFUSSES

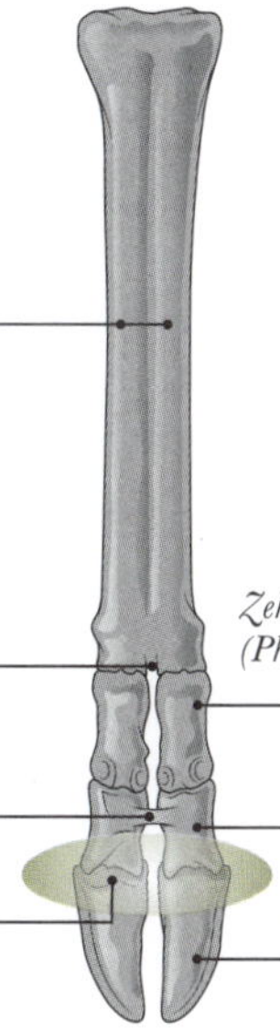

Oben *Der Schädel einer Ziege ist außerordentlich kräftig gebaut, denn er muss nicht nur die schweren Hörner tragen, sondern auch dafür sorgen, dass eine Ziege bei heftigen Zusammenstößen mit ihren Artgenossen keine Gehirnerschütterung erleidet.*

Links *Knochen des Vorderfußes (von vorn); gezeigt sind die verschmolzenen Vordermittelfußknochen, die sich in die Zehenknochen teilen und den paarigen Huf der Ziege bilden (Paarhufer, s. S. 46).*

Das Verdauungssystem der Wiederkäuer

Zellulose ist ein Pflanzenmaterial, das die meisten Säugetiere nicht verdauen können, doch Wiederkäuer (Ziegen, Schafe, Rinder, Hirsche, Giraffen und andere) verfügen über ein komplexes Verdauungssystem, das Zellulose abbauen kann, sodass die darin gespeicherten Nährstoffe genutzt werden können.

Das Pflanzenmaterial wird von der Ziege per Maul aufgenommen und gelangt dann in den ersten von vier Magenabschnitten. Später, wenn das Tier ruht, würgt es die vorverdaute Nahrung wieder hoch und kaut sie erneut (Wiederkäuen). Gesunde Ziegen verbringen bis zu einem Drittel des Tages mit Wiederkäuen.

Der Verdauungstrakt der Ziege besteht aus Maul, Speiseröhre, einem vierkammerigen Magen, Dünndarm, Blinddarm und Dickdarm.

VERDAUUNGSSYSTEM

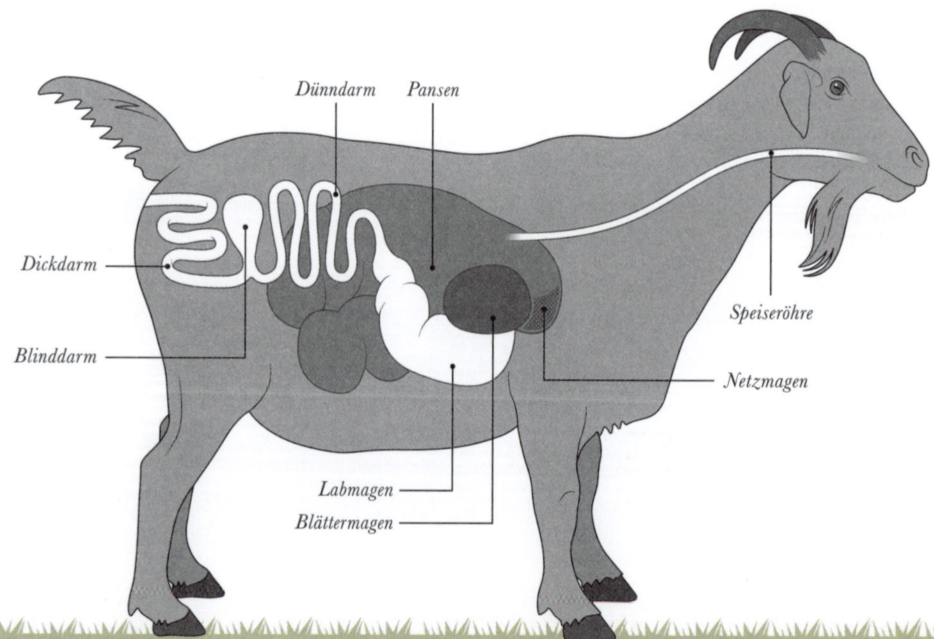

Links *Der vierkammerige Magen von Wiederkäuern unterscheidet sich stark vom einkammerigen Magen des Menschen bzw. von Arten wie Hund, Katze, Schwein und Pferd.*

Links *Eine Ziege benutzt ihre beweglichen Lippen und ihre Zunge, um zu grasen oder die Spitzen höher wüchsiger Pflanzen zu packen.*

MAUL

Eine Ziege packt ihre Nahrung mit Lippen, Zunge und der Gaumenplatte vor ihrem harten Gaumen (siehe S. 40–41). Gröberes Pflanzenmaterial wird kurz gekaut, während Gras und weiche Pflanzen überwiegend unzerkleinert verschluckt werden. Das Pflanzenmaterial wird mit Speichel gemischt und zu einem sogenannten Bolus (Nahrungsbrocken) geformt, bevor es verschluckt wird.

SPEISERÖHRE (ÖSOPHAGUS)

Anschließend gelangt die Nahrung durch eine Reihe wellenförmiger Muskelkontraktionen der Speiseröhre (Peristaltik) in die erste Magenabteilung. Die Speiseröhre von Wiederkäuern ist auch in der Lage, ihre Peristaltik umzukehren, sodass vorverdauter Nahrungsbrei mit einem sanften Rülpsen wieder ins Maul hochgewürgt werden kann. In der Regel wird der Nahrungsbrei rund eine Minute lang erneut durchgekaut und im Lauf eines zweiten Durchgangs und weiterer Durchgänge mit immer mehr Speichel gemischt. Durch dieses mehrfache Kauen wird die Nahrung immer weiter zerkleinert, während der alkalische Speichel hilft, den pH-Wert des Pansens bei einem gesunden Wert von 7 zu halten. Innerhalb von 24 Stunden können Ziegen bis zu 23 Liter Speichel produzieren.

PANSEN (RUMEN)

Der Pansen ist die erste und größte Kammer des Magentrakts (erster Vormagen) und nimmt die frisch zerkaute Nahrung auf. Er kann je nach Größe der Ziege und Nahrungstyp rund 11–22 Liter halbverdautes Material aufnehmen. Der Pansen ist mit kleinen Erhebungen ausgekleidet, sogenannten Papillen, die die Resorptionsfläche erhöhen, und fungiert als Gärkammer (Fermenter).

Im Pansen leben Abermillionen von Mikroorganismen; sie liefern die Enzyme, mit deren Hilfe Zellulose und andere Nahrungsbestandteile aufgeschlossen werden können. Durch diesen Abbau wird Zellulose aus den Rohfasern in kurzkettige, flüchtige Fettsäuren umgewandelt, die dann von den Pansenwänden resorbiert werden und bis zu 80 % des gesamten Energiebedarfs der Ziege decken. Die Mikroorganismen erzeugen aus der pflanzlichen Nahrung auch B-Vitamine, Vitamin K und essenzielle Aminosäuren. Bei diesem Fermentationsprozess im Pansen werden große Mengen an Methan und Kohlendioxid freigesetzt, die von der Ziege durch Rülpsen abgegeben werden. Außerdem entsteht dabei viel Wärme, die dazu beiträgt, die Ziege warm zu halten.

NETZMAGEN (RETICULUM)

Der Netzmagen bildet die zweite Kammer des Magentrakts (zweiter Vormagen); er liegt direkt unter der Speiseröhrenmündung in den Magen. (Funktionell fasst man ihn manchmal mit dem Pansen zum Ruminoretikulum zusammen.) Nachdem der Speisebrei weitgehend verflüssigt ist, verlässt er den Pansen durch eine «Überlaufverbindung», das Ostium ruminoreticulare, und gelangt in den Netzmagen, wo die Fermentation fortgesetzt wird. Durch starke Kontraktionen von Pansen- und Netzmagenwänden wird das Material gemischt; diese Bewegung verhindert eine Klumpenbildung und verteilt die Mikroorganismen im ganzen Nahrungsbrei.

BLÄTTERMAGEN (PSALTER ODER OMASUM)

Anschließend gelangt der Nahrungsbrei über eine kurze Verbindung in den Blättermagen (dritter Vormagen). Die Hauptaufgabe des Blättermagens besteht darin, überschüssige Flüssigkeit zu entfernen. Er ist durch lange Gewebefalten unterteilt, die den Seiten eines Buches ähneln und manchmal als Blätter bezeichnet werden. Diese Blätter sind ihrerseits von winzigen, fingerförmigen Papillen (viel kleiner als die Pansenpapillen) bedeckt, die die Oberfläche noch weiter vergrößern und so eine effiziente Wasserrückresorption gewährleisten.

LABMAGEN (ABOMASUM)

Der Labmagen ist der eigentliche Magen, in dem es ganz ähnlich wie im Magen von Menschen, Katzen und Hunden zur klassischen Verdauung kommt. Wie der Blättermagen ist der Labmagen mit Falten ausgekleidet, die seine Oberfläche stark vergrößern. Spezielle Zellen in der Wand des Labmagens scheiden Verdauungsenzyme sowie Salzsäure ab, die den pH-Wert des Nahrungsbreis rasch von etwa 7 auf 2,5 senkt. Im Labmagen werden Eiweiße (Proteine) bereits teilweise abgebaut, bevor der Nahrungsbrei in den Dünndarm übertritt.

DÜNNDARM

Der Dünndarm ist ein sehr langer Schlauch, der sich vom Labmagen bis zum Dickdarm erstreckt – er ist 20 Mal so lang wie die Ziege selbst. Sobald die halbverdaute Masse in den Dünndarm übertritt, wird sie mit Leber- und Bauchspeicheldrüsensekreten vermischt, die den pH-Wert wieder auf etwa 7 erhöhen, sodass die Enzyme im Dünndarm die verbliebenen Eiweiße in Aminosäuren, Stärke in Traubenzucker (Glucose) und komplexe Fette in Fettsäuren spalten können. Wie andere Teile des Verdauungssystems ist der Dünndarm mit Papillen ausgekleidet, die die Resorptionsfläche vergrößern.

Gegenüber *Der größte Teil der Nahrung, die eine Ziege zu sich nimmt, wird vor der eigentlichen Verdauung wiedergekäut.*

Rechts *Im Gegensatz zu Arten mit ungekammertem Magen sind Wiederkäuer, vor allem Ziegen, in der Lage, Zellulose zu verdauen. Zellulose ist eine wasserunlösliche Verbindung und ein wesentlicher Bestandteil von pflanzlichen Zellwänden.*

BLINDDARM (CAECUM)

Der Blinddarm ist ein Schlauch zwischen Dünn- und Dickdarm. Er ist durch die Ileozäkalklappe vom Dünndarm getrennt, die normalerweise geschlossen ist, sich aber periodisch öffnet, um den Durchtritt von halbverdauter Nahrung zu ermöglichen. Der Blinddarm dient als Speicherorgan für Mikroorganismen, um diesen zusätzlich Zeit zur Zelluloseverdauung zu geben.

DICKDARM

Durch Muskelkontraktionen werden fortlaufend kleine Mengen an Material durch den Dünndarm in den Dickdarm gepresst. Die Mikroorganismen setzen hier ihre Verdauungsarbeit fort, während dem Nahrungsbrei weiter Wasser entzogen wird. Schließlich bildet sich im Endbereich des Dickdarms Kot in der charakteristischen «Köttelform»; dieser wird durch den Anus (After) ausgeschieden.

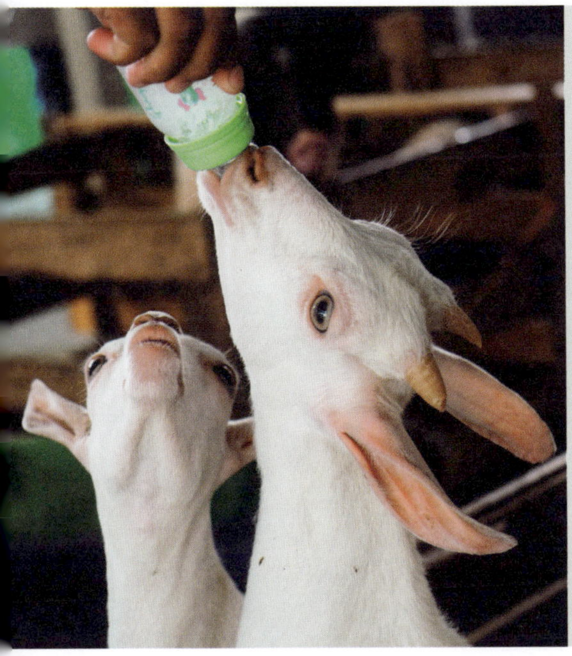

VERDAUUNG BEIM ZICKLEIN

Bei der Geburt ist der Pansen mit nur 30 % der gesamten Magenoberfläche die kleinste der vier Magenkammern, der Labmagen mit 70 % hingegen die größte (siehe S. 89). Wenn ein Zicklein seinen Kopf hebt, um zu saugen, fließt die Milch durch die Speiseröhre (Ösophagus) in die am unteren Ende der Speiseröhre ansetzende Magenrinne, die sich dann reflexartig zu einem Rohr schließt, sodass die Milch direkt in den Labmagen des Jungtiers gelangt. Damit wird verhindert, dass die Milch von den Mikroorganismen im Pansen fermentiert wird und gerinnt. Sobald die Zicklein zu weiden beginnen, vergrößern sich Pansen, Netzmagen und Blättermagen allmählich und nehmen ihre Arbeit auf; sie sind etwa im Alter von drei Monaten voll entwickelt.

Wenn das Zicklein seinen Kopf senkt, beispielsweise, um aus einer Schüssel zu trinken, schließt sich die Rinne nicht, und die Milch gelangt in den noch unterentwickelten Pansen, wo sie nur schlecht verdaut wird. Darum ist es wichtig, die Flasche bei Zicklein, die per Hand aufgezogen werden, so zu halten, dass das Saugen am Euter nachgeahmt wird.

Lippen & Zähne

Ziegen sind anatomisch gut dazu ausgerüstet, die zähen, zellulosehaltigen Zweige, Blätter und weitere Pflanzenteile, von denen sie sich ernähren, abzuknabbern und zu kauen.

LIPPEN

Die Oberlippe eines Schafes ist durch eine tiefe Furche in zwei Hälften geteilt, was ihm hilft, Gras in Bodennähe abzuweiden. Da Ziegen eher Mischäser als reine Grasfresser sind, weist ihre Oberlippe keine derart tiefe Lippenfurche auf, sie ist sehr beweglich. Ziegen können mit ihren flexiblen Lippen und ihrer biegsamen Zunge daher ganz bestimmte Pflanzenteile auswählen und abreißen, etwas Heu aus einem Heuhaufen ziehen oder Bestandteile, die sie nicht mögen, aus dem Getreide in ihrem Futter aussortieren.

Unten *Die Gaumenplatte, eine dicke, harte Kaufläche, ist ein typisches Merkmal der Wiederkäueranatomie. Man findet sie auch im Maul von Pseudo-Wiederkäuern wie Lamas.*

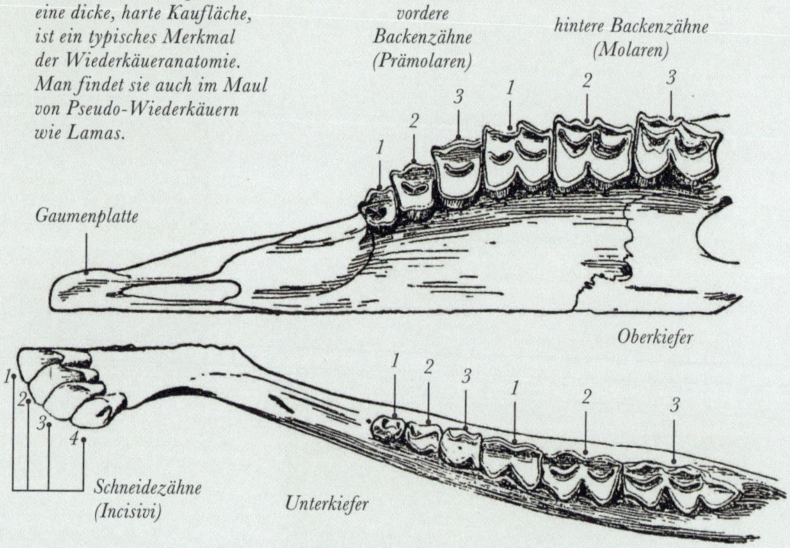

ZÄHNE

Ziegen verfügen über drei Zahntypen: vier Paar Schneidezähne (Incisivi) im Unterkiefer, drei vordere Backenzähne (Prämolaren) zum Mahlen der Nahrung auf jeder Seite des Unter- und des Oberkiefers sowie drei hintere Backenzähne (Molaren) auf jeder Seite des Unter- und des Oberkiefers, die ebenfalls zum Mahlen (Kauen) der Nahrung dienen. Das gesamte Gebiss besteht also aus 32 Zähnen. Wie Rinder und Schafe haben Ziegen keine Schneidezähne im Oberkiefer. An ihrer Stelle befindet sich eine glatte, verhornte Flache,

Links *Ziegen haben sehr bewegliche Lippen, die sie dazu verwenden, Pflanzenmaterial ins Maul zu befördern, bevor sie es abbeißen oder abreißen.*

die sogenannte Gaumen- oder Dentalplatte, die direkt vor dem harten Gaumen liegt und beim Nahrungsammeln hilft.

Das Alter einer Ziege lässt sich relativ leicht durch einen Blick auf ihre Zähne bestimmen. Die ersten Zähne einer Ziege werden als Milchzähne bezeichnet. Die meisten Zicklein werden bereits mit den beiden vorderen Schneidezähnen geboren, wenn nicht, dann brechen sie in der ersten Lebenswoche durch. Die zweiten Schneidezähne folgen dann in der zweiten Woche, die dritten in der dritten Woche und die vierten in der vierten Woche. Die vorderen Backenzähne brechen im Alter von zwei bis sechs Wochen durch.

Mit rund 12 Monaten bricht das erste Paar bleibender Schneidezähne durch und ersetzt die Milchzähne. Die nächsten zwei bleibenden Schneidezähne brechen im Alter von 1½–2 Jahren neben dem ersten Paar durch. Das dritte Paar folgt im Alter von 2½–3 Jahren, das vierte mit 3½–4 Jahren. Danach wird es schwieriger, das Alter einer Ziege genau anzugeben, allerdings werden die Zähne mit zunehmendem Alter länger, die Abstände größer, sie brechen ab oder fallen aus.

KIEFERFEHLSTELLUNGEN

Die Schneidezähne im Unterkiefer einer Ziege sollten bündig mit der Gaumenplatte abschließen. Wenn sie darüber hinausragen, spricht man von einem Unterbiss, auch «Hechtmaul» oder «Saumaul» genannt. So etwas ist bei Ramskopf-Rassen recht häufig. Wenn die Gaumenplatte über die Schneidezähne hinausragt, spricht man hingegen von einem Überbiss, auch «Karpfenmaul» genannt.

Ziegen mit einem starken Unter- oder Überbiss haben Schwierigkeiten bei der Nahrungsaufnahme. Infolgedessen verlieren sie bei Weidehaltung leicht an Gewicht und müssen zusätzlich gefüttert werden.

Beide Kieferfehlstellungen sind erblich, und Jungziegen mit diesen Fehlern sollten nicht zur Weiterzucht verwendet werden.

Unten *Wiederkäuer haben keine Eckzähne (Canini). In die dadurch entstandene Zahnlücke kann man einen Finger schieben, um das Maul der Ziege zu öffnen.*

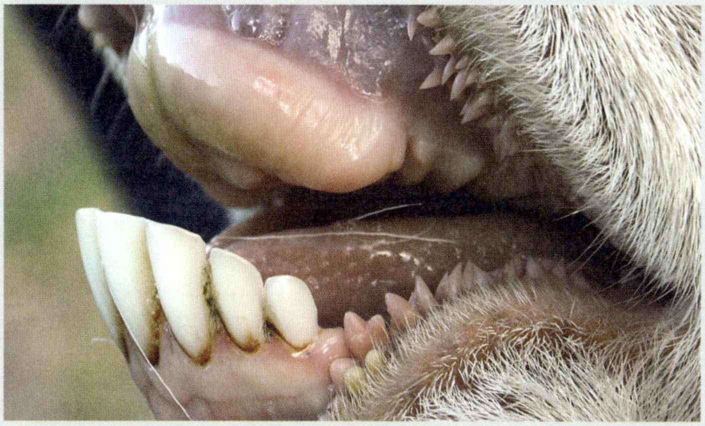

ENTWICKLUNG DER BLEIBENDEN ZÄHNE

Das Alter einer jungen erwachsenen (adulten) Ziege lässt sich anhand ihrer Schneidezähne bestimmen, die nach einem klaren Zeitplan erscheinen. Bei einer alten Ziege ist das Zahnfleisch bereits zurückgewichen, und die Zähne erscheinen verlängert. Zudem sind die Zähne stark abgenutzt oder gar ausgefallen.

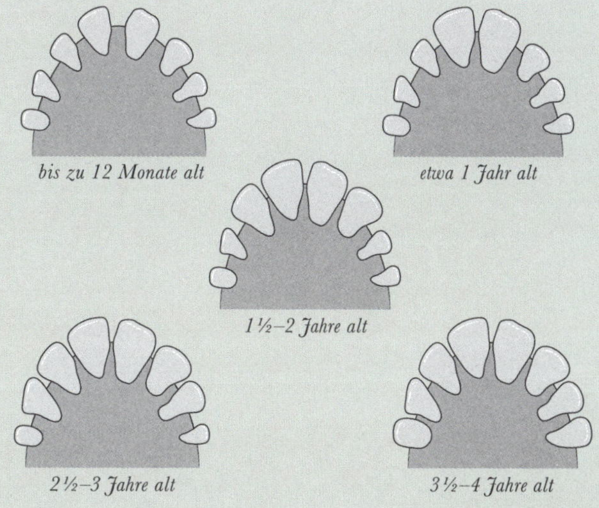

Die fünf Sinne

Wie Ziegen ihre Umgebung mittels ihrer fünf Sinne wahrnehmen, hat großen Einfluss auf ihr Verhalten – und als potenzielle Beute auch auf ihr Überleben. Sehsinn, Hörsinn, Geruchssinn, Geschmackssinn und Tastsinn (separat und in Kombination) helfen ihnen, Fressfeinde (Prädatoren) wahrzunehmen, sichere Nahrungsquellen zu identifizieren sowie Beziehungen mit ihren Artgenossen wie auch Vertretern anderer Arten (dazu gehört auch der Mensch!) aufzunehmen und aufrechtzuerhalten.

AUFBAU DES AUGES

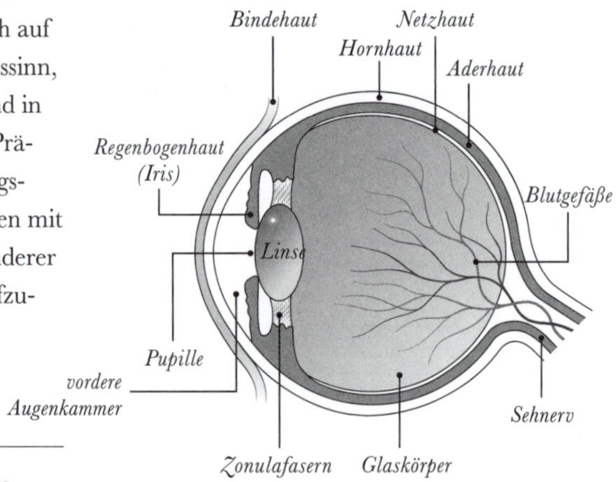

Links *Das Ziegenauge ist ganz ähnlich wie das menschliche Auge aufgebaut, doch dank der viereckigen Pupillen ist das Sehfeld der Ziege deutlich größer.*

SEHSINN

Ziegen gewinnen fast 50 % ihrer Informationen visuell, was den Seh- oder Gesichtssinn zu ihrem wichtigsten Sinn macht. Das Ziegenauge ist ganz ähnlich wie das menschliche Auge aufgebaut und besteht aus Linse, Hornhaut (Cornea), Iris, Netzhaut (Retina) und Sehnerv. Ein wichtiger Unterschied ist jedoch, dass die Pupille einer Ziege (wie die vieler anderer Huftiere) ein großes, waagerechtes Rechteck bildet. Dieses Rechteck wirkt wie das Weitwinkelobjektiv einer Kamera und ermöglicht der Ziege eine Rundsicht von 320–340° – sehr wichtig für ein Lebewesen, das stets auf der Hut vor Fressfeinden sein muss. Bei den verschiedenen Ziegenrassen ist das Sehfeld ähnlich, aber nicht identisch, je nachdem, wie die Augen am Kopf angeordnet sind. Ein ausgedehntes Sehfeld erlaubt Ziegen, Augenkontakt und eine räumliche Beziehung mit Tieren vor, neben und hinter ihnen aufrechtzuerhalten. Dieses breite Sehfeld verringert jedoch die Tiefenwahrnehmung der Ziege, denn sie verkleinert den Bereich des binokularen Sehens auf nur 20–60°; räumliches Sehen ist also auf einen kleinen Bereich beschränkt.

Ziegen sind weitsichtig und leicht astigmatisch (d. h., Punkte sind zu Strichen verzerrt), ein häufiges Merkmal von Beutetieren. Infolgedessen sehen sie wahrscheinlich nur in mittlerer und größerer Entfernung ein scharfes Bild. Mit ihrem Weitwinkel-Sehfeld reagieren Ziegen zudem besonders empfindlich auf Bewegung – ein Vorteil, wenn man

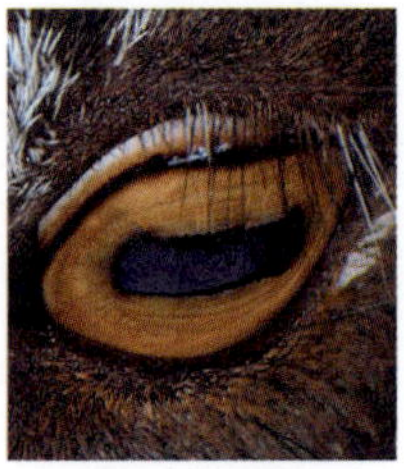

Oben *Ziegen, Schafe, Hirsche, Elche, Pferde und viele andere potenzielle Beutearten haben rechteckige Pupillen, um die Tiefenschärfe in ihrem peripheren Sehfeld zu verbessern.*

Gegenüber *Beutetiere wie Ziegen brauchen möglichst eine Rundumsicht, um Fressfeinde zu entdecken, die sich aus verschiedenen Richtungen nähern, müssen aber auch das Gebiet direkt vor sich überwachen, um rasch und sicher fliehen zu können.*

WARUM ZIEGENAUGEN IM DUNKELN LEUCHTEN

Bei vielen Tieren, darunter auch Ziegen, findet sich hinter der Netzhaut eine schimmernde Gewebeschicht, das sogenannte Tapetum lucidum, das die Nachtsicht verbessert. Beim regulären Sehen dringt Licht durch die Pupille ins Auge und trifft auf Sehzellen (Fotorezeptoren) in der Retina an der Rückseite des Auges. Da das Tapetum lucidum das einfallende Licht reflektiert, erhöht sich die Lichtmenge, die diesen Fotorezeptoren zur Verfügung steht. Wenn eine kleine Lichtmenge vom Tapetum lucidum reflektiert wird, beispielsweise das Licht einer Taschenlampe, leuchten die Augen einer Ziege im Dunkeln.

DAS SEHFELD DER ZIEGE

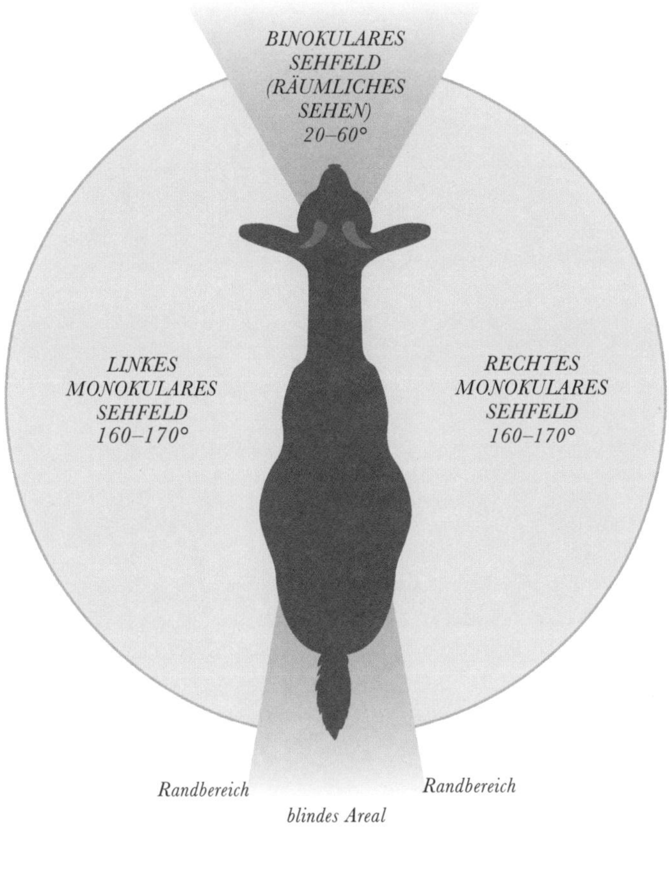

stets auf Prädatoren achten muss –, und eine plötzliche, rasche Bewegung kann sie leicht erschrecken.

Ziegen drehen zudem ihre Augen, wenn sie den Kopf zu Boden senken, sodass ihre Augenschlitze stets annähernd parallel zum Boden ausgerichtet sind, ganz gleich, wie sie ihren Kopf halten. Ihre Augen können sich um bis zu 30° drehen; das ist zehn Mal so viel wie beim menschlichen Auge. So hat die Ziege als Beutetier die Welt rundum stets im Blick.

Ziegen sind Dichromaten mit zwei Typen von Zapfen (farbempfindlichen Netzhautzellen), die bevorzugt auf gelblich grünes und blauviolettes Licht reagieren. Ziegen können Gelb, Orange, Blau, Violett und Grün von Grauschattierungen unterscheiden; Rot können sie nicht sehen, es erscheint ihnen je nach Lichtstärke als Grau oder Hellgelb. Untersuchungen haben überdies gezeigt, dass Ziegen geometrische Grundformen unterscheiden können. Und wenn man ihnen Karten mit anderen Ziegen zeigt, erkennen sie ihre Herdengenossen und Familienmitglieder. Wenn man ihnen menschliche Gesichter zeigt, so bevorzugen sie lächelnde Gesichter vor mürrischen (siehe S. 94).

HÖRSINN

Ziegen haben ein ausgezeichnetes Gehör, vor allem Rassen mit aufrecht stehenden Ohren. Sie drehen ihre Ohrmuscheln in Richtung einer Schallquelle (Rassen mit Schlappohren heben zu diesem Zweck die Basis ihrer schweren Ohren an) und reagieren auf ein breites Spektrum von Geräuschen, vom schrillen Alarmruf eines Zickleins in Gefahr bis zu tiefem Schnauben oder dem dumpfen Geräusch stampfender Hufe. Eine aktuelle Studie kam zu dem Schluss, dass Ziegen einen breiten Hörbereich haben, der von 80 Hz (Hertz) bis 40 kHz (Kilohertz) reicht, mit einem wohldefinierten Bereich des besten Hörens bei 2 kHz. Die Mütter erkennen die Lautäußerungen ihres Nachwuchses bereits kurz nach der Geburt und behalten sie lebenslang in Erinnerung.

VERGLEICH VON HÖRBEREICHEN

Ziegen hören am besten im Bereich um 2 kHz. Ein scharfes Gehör ist entscheidend fürs Überleben, zumindest für verwilderte Ziegen und für Hausziegen, die an Orten nach Nahrung suchen, wo es Fressfeinde geben kann.

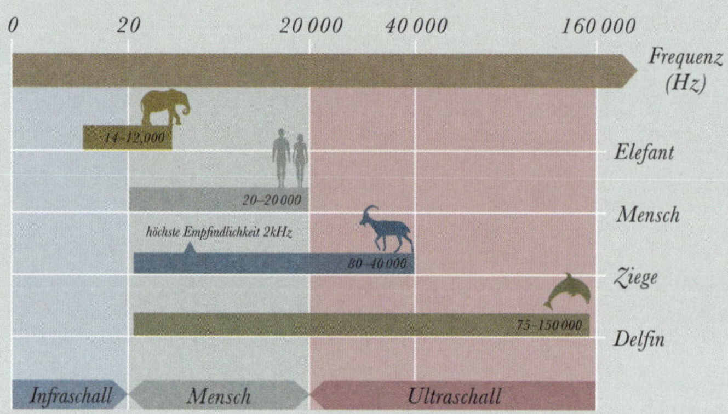

FLEHMEN

In der Nasenhöhle liegt direkt über dem harten Gaumen ein Geruchsorgan, das als Vomeronasalorgan (oder Jacobsonsches Organ) bezeichnet wird. Wenn eine Ziege ihren Hals ausstreckt, den Kopf hebt und ihre Oberlippe in einer typischen Grimasse zurückzieht, legt sie dieses Organ frei, um einen neuen Geruch einzuatmen (zu wittern). Dieses Verhalten wird 5–60 Sekunden durchgehalten und als Flehmen (siehe links) bezeichnet – flehmen ist ein altes deutsches Wort, dass so viel wie «die oberen Zähne entblößen» bedeutet und sich vom obersächsischen flemmen, «boshaft aussehen», herleitet. (Nicht nur Ziegen flehmen, sondern auch eine breite Palette anderer Säuger, die ebenfalls ein Vomeronasalorgan besitzen.)

Dieses Verhalten wird häufig von Ziegenböcken gezeigt, vor allem in der Brunstzeit, um Geschlechtspheromone aufzunehmen. Aber weibliche Ziegen und kastrierte Männchen flehmen ebenfalls, wenn sie auf einen neuartigen Geruch oder Geschmack treffen, den sie analysieren möchten. Bei Ziegenweibchen aktivieren männliche Pheromone übrigens das Luteinisierende Hormon, das den Eisprung (Ovulation) auslöst.

Oben *Berührung ist für Ziegen wichtig, wie sich schon in der engen körperlichen Nähe von Geißen und ihren Zicklein, in ihrer Familiengruppe und mit Artgenossen zeigt, die ihnen nahestehen.*

GERUCHSSINN

Ziegen haben einen hoch entwickelten Geruchssinn. Ziegenweibchen nutzen ihren scharfen Geruchssinn zur Identifizierung ihrer Jungen, Ziegenböcke setzten ihn ein, um herauszufinden, welche Geiß brünstig ist, und alle Ziegen nutzen ihren Geruchssinn, um Wasser aus größerer Entfernung zu lokalisieren und um muffiges bzw. verschimmeltes Futter zu erkennen. In der Paarungszeit (Brunst) sondern Ziegenböcke überdies einen starken Geruch ab, der Weibchen anlockt und zudem bei ihnen die Produktion von Luteinisierendem Hormon in der Hypophyse anregt; dies trägt dazu bei, sie in Paarungsstimmung zu bringen (siehe S. 80–83).

GESCHMACKSSINN

Ziegen verfügen über deutlich mehr Geschmacksknospen als Menschen (15 000 im Vergleich zu unseren 9000) und können zwischen denselben fünf Grundgeschmacksrichtungen unterscheiden wie wir. Sie trinken zum Beispiel kein mit Fäkalien verschmutztes Wasser, und wenn sie nicht gerade am Verhungern sind, fressen sie auch kein muffiges oder schimmeliges Futter. Ziegen bevorzugen überdies bestimmte Geschmacksrichtungen – vor allem süß, obgleich sie Bitteres eher tolerieren als andere Nutztierarten.

TASTSINN

Ziegen haben einen sehr gut ausgeprägten Tastsinn. So ruft eine Fliege, die auf einer Ziege landet, eine sehr starke Reaktion hervor. Berühren ist zudem wichtig für die Bindung zwischen Ziegen, vor allem zwischen Geschwistern und zwischen Müttern und ihrem Nachwuchs. Ziegen lieben es auch, von Menschen gestreichelt und gekratzt zu werden.

Nach bisherigen Untersuchungen haben Ziegen offenbar eine niedrigere Schmerzschwelle als Rinder oder Schafe. Man nimmt an, dass sie Schmerzen auf ähnliche Weise wie Menschen erleben; doch auch wenn sie Schmerzen leiden (oder krank sind), versuchen sie, dies zu verbergen, weil solche Schwächesignale den Angriff von Fressfeinden provozieren können.

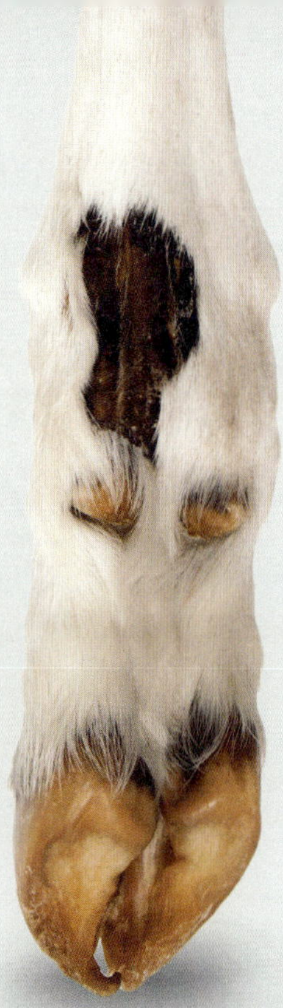

Hufe (Klauen)

Ziegen sind Paarhufer, das heißt, sie haben einen «paarigen» Huf – sie laufen auf zwei Zehen, die anatomisch dem dritten und vierten Finger bzw. Zeh der menschlichen Hand bzw. des menschlichen Fußes vergleichbar sind. Das Fesselbein ist der größte Zehenknochen und verleiht ihm seine Form. Etwa in Höhe des Fesselgelenks befinden sich auf der Hinterseite zwei rudimentäre Zehen, die Afterzehen, die sich im Lauf der Evolution angeblich als eine Art Stoßdämpfer entwickelt haben, um zu verhindern, dass wilde Ziegen beim Klettern in gebirgigem Terrain ausrutschen. Bei den heutigen Hausziegen haben Afterzehen allerdings keine Funktion mehr.

Der äußere Tragrand der Klauen, also die «Hufe» der Ziege, besteht aus Keratin – Horngewebe, das vom Kronsaum produziert wird, der Verbindung zwischen der Klaue und dem Rest des Fußes. Wie bei menschlichen Fingernägeln werden ständig neue Zellen erzeugt, die dann allmählich abgestoßen werden und absterben, während neues Gewebe nachwächst. Das Gewicht der Ziege lastet auf dem Tragrand der Klaue, und die Hornsubstanz wächst nach unten, während sich der Tragrand durch Laufen oder Klettern auf

Oben *Die Unterseite eines Ziegenhufs zeigt deutlich die Unterteilung in zwei Klauen (s. auch S. 35).*

HUF (SEITENANSICHT)

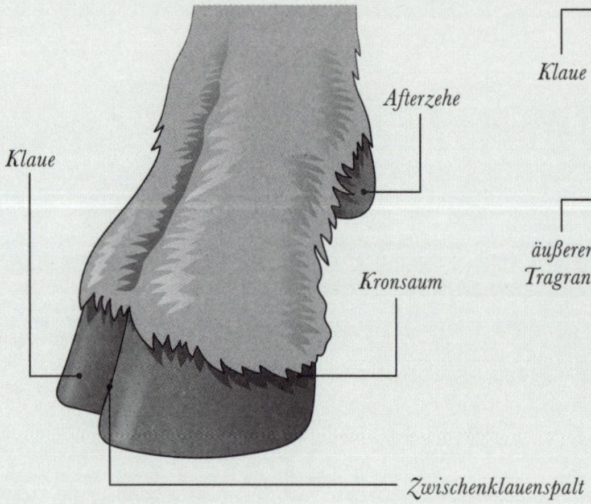

HUF (UNTERSEITE)

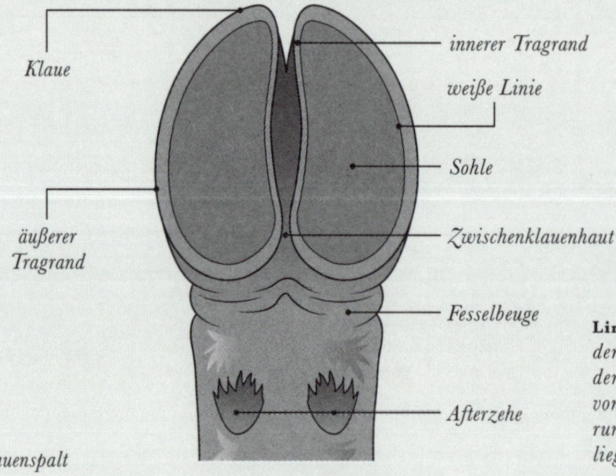

Links *Der Hornschuh, der die Außenschicht der Klaue bildet, wird von Zellen gebildet, die rund um das Saumband liegen.*

Links *Bei Wildziegen, verwilderten Ziegen und Hausziegen, die sich regelmäßig im Gebirge oder auf felsigem Gelände aufhalten, nutzen sich die Hufe im Allgemeinen gut ab und bleiben so gesund.*

hartem Untergrund abnutzt. Das neue, weiche Hornmaterial, das vom Kronensaum erzeugt wird, wird als Saumhorn bezeichnet; es sorgt für die Feuchtigkeit in der Klaue und wird je nach Gesundheit, Ernährungszustand und Lebensbedingungen einer Ziege unterschiedlich rasch gebildet.

Die Klauensohle ist weicher und biegsamer als der Tragrand der Klaue, und hinten an jeder Klaue befindet sich ein weiches, knollenförmiges Gebilde, das als Ballen bezeichnet wird. Die Sohle grenzt an die weiße Linie, die eine flexible Verbindung zwischen Sohle und Tragrand schafft.

HUFE ZUM KLETTERN

Der Tragrand jedes Hufs ist, von der Unterseite gesehen, halbrund und nach außen gewölbt. Diese Form verleiht ihm die nötige Tragfähigkeit, während die weichere Sohle auf abschüssigen Oberflächen die nötige Reibung liefert. Und da jede Klaue unabhängig von der anderen arbeitet, kann eine Ziege mithilfe einer einzelnen Klaue auf schmalen Graten Halt suchen, oder sie kann beide Klauen spreizen, um die Kontaktfläche zu vergrößern.

GANGARTEN DER ZIEGEN

Ziegen verfügen über drei Standardgangarten: Schritt, Trab (Trott) und Galopp. Ausnahmen bilden einige myotonische Ziegen (s. S. 66–67), die zu «steif» sind, um sich im flüssigen Trab oder sogar Galopp fortzubewegen, und ferner Spezialformen wie die berühmten pakistanischen Nachi-Ziegen, die sich aufgrund ihres Körperbaus durch einen gezierten, tänzelnden Gang auszeichnen («Tanzziegen»).

Der **Schritt** ist die häufigste Gangart bei Ziegen. Es handelt sich um eine Viertakt-Gangart mit folgender Schrittfolge: rechtes Hinterbein, rechtes Vorderbein, linkes Hinterbein, linkes Vorderbein. Ziegen haben eine Schrittgeschwindigkeit von rund 3,2 km/h.

Der **Trab (Trott)** ist eine Zweitakt-Gangart, wobei die Beine paarweise diagonal bewegt werden. Die Schrittfolge ist: linkes Vorderbein und rechtes Hinterbein gemeinsam, dann rechtes Vorderbein und links Hinterbein gemeinsam. Ziegen traben, wenn sie in Eile, aber nicht gehetzt sind. Eine mittlere Trabgeschwindigkeit liegt bei 16 km/h.

Ziegen galoppieren, wenn sie gejagt werden oder ein Ziel besonders schnell erreichen wollen, vielleicht zur Fütterungszeit.
Der **Galopp** ist eine Viertakt-Gangart. Beim Galoppieren «führt» das Tier entweder mit seinem linken oder seinem rechten Vorderbein. Die Galoppsequenz bei Führung mit dem rechten Vorderbein ist: linkes Hinterbein, rechtes Hinterbein, linkes Vorderbein, rechtes Vorderbein. Ziegen galoppieren mit einer Geschwindigkeit von 22–26 km/h.

Hörner

Archäologischen Funden zufolge trugen die ersten domestizierten Ziegen große, gerade, säbelförmige Hörner wie diejenigen der Bezoarziege. Schraubenförmig gedrehte Hörner entstanden später in Westasien und herrschten dort bald vor, wie es auch heute noch der Fall ist. Im Lauf der Haustierwerdung wurden die Hörner aufgrund der künstlichen Zuchtwahl kleiner; Ziegen mit kleineren Hörnern brauchten im Gehege viel weniger Platz, und die Gefahr, dass sie ihre Halter oder Herdengenossen verletzten, war geringer.

Die Hörner einer Ziege bestehen aus einem Überzug aus Keratin und anderen Proteinen über einem Kern aus lebendem Knochengewebe, das als Zapfen aus dem Schädel wächst. Im Gegensatz zu einem Geweih werden Hörner niemals abgeworfen oder gewechselt. Die Hornzapfen beginnen als kleine, knöcherne Auswüchse unter der Haut, die auch als Hornknospen bezeichnet werden. Die Hornknospen beginnen schon bald nach der Geburt zu wachsen. Der Hornzapfen, der sich daraus entwickelt, wächst von seiner Basis aus das ganze Leben des Tieres hindurch weiter.

Die Hörner wachsen das ganze Frühjahr, Sommer und den Frühherbst hindurch, doch dieses Wachstum verlangsamt sich im Spätherbst und Winter beträchtlich. Wenn sie abbrechen, wachsen sie nicht wieder nach, und sie verzweigen sich niemals. Das Hornwachstum ist abhängig von Rasse, Geschlecht, Alter und Gesundheitszustand eines Individuums. Die Hörner intakter Männchen sind länger und dicker als diejenigen von Weibchen derselben Rasse; die Hörner der meisten kastrierten Männchen nehmen eine Zwischenstellung ein.

Unten *Der zentrale Hohlraum eines Horns setzt sich bis in die Stirnhöhle (Frontalsinus) im Schädelknochen fort. Stirnhöhlen sind mit Luft gefüllte Hohlräume im Stirnbein. Sie dienen als Stoßdämpfer und schützen das Gehirn vor starken Erschütterungen.*

HORN (AUFBAU)

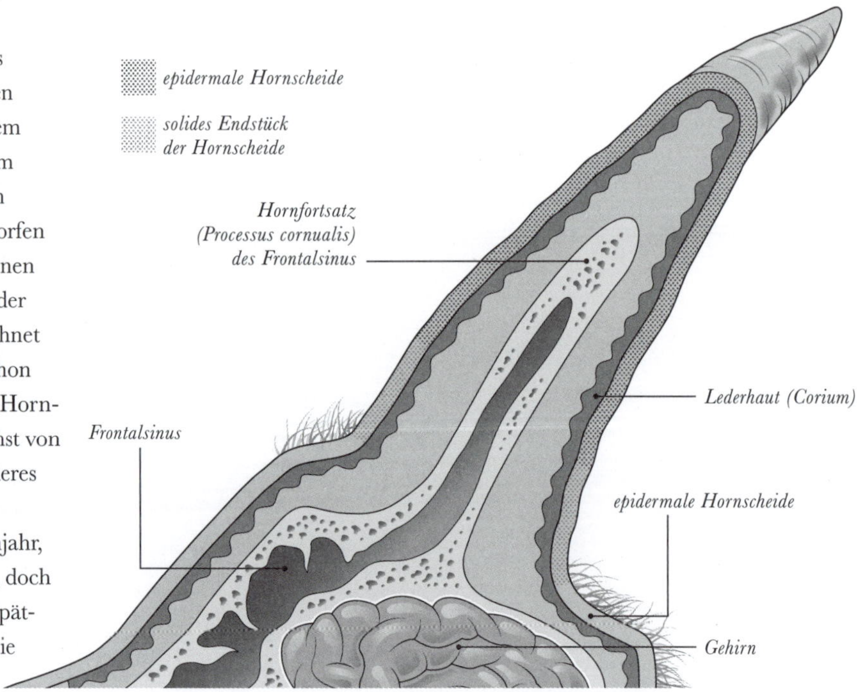

HÄUFIGE HORNFORMEN

säbelförmig	*sichelförmig und ansatzweise geschraubt*	*sichelförmig*	*gerade nach oben geschraubt*

Oben *Vier der häufigsten Hornformen bei Ziegen. Innerhalb dieser Kategorien findet man je nach Rasse zahlreiche Varianten in Größe und Form. Der Bezoarziegenbock trägt beispielsweise ein mächtiges, säbelförmig nach hinten gebogenes Gehörn, während die zugehörige Geiß kleinere, sichelförmige Hörner besitzt.*

HORNTYPEN

Die Hörner können deutliche Längsrillen aufweisen, dies findet man bei den Böcken verschiedenster Ziegenrassen. Sie können auch glatt sein wie bei Burenziegen, Zwergziegen und den Geißen vieler europäischer Milchziegenrassen. Die häufigste Hornform bei heutigen Hausziegen sind säbelförmige Hörner, die sich von ihrem Ansatz am Schädel nach hinten biegen und an der Spitze manchmal leicht nach außen weisen; lange, säbelförmige Hörner sind eher für Böcke typisch.

Ferner gibt es sichelförmig gebogene Hörner (sie sind stets kürzer als der säbelförmige Typ). Diese wachsen von Schädel aus zunächst senkrecht nach oben, sind im oberen Teil aber auswärts oder nach hinten gebogen. Sie sind typisch für Nederlandse Landgeit, Caprette di Corsica und verwilderte Ziegenböcke.

Ähnliches gilt für den Typ mit sichelförmigen, ansatzweise geschraubten Hörnern, bei dem das Horn zunächst nach oben und hinten zieht, dann aber unvermittelt nach außen dreht, wobei die Spitzen nach oben und außen weisen. Diesen Typ findet man bei Angoraziegen, Cabra Blanca Andaluzia und kanarischen Ziegenrassen.

HORNSTUMMEL

Hornstummel sind keine echten Hörner, sondern Hornreste, die beim nicht richtig durchgeführten Enthornen entstehen (siehe S. 90). Hornstummel enthalten keine Hornzapfen, daher brechen sie leicht ab, bluten aber stark. Sie treten am häufigsten bei Ziegenböcken auf, seltener bei Mönchen und Geißen. Wenn sie nicht getrimmt werden, können solche Hornstummel im Kreis wachsen und gegen den Schädel oder in ein Auge drücken.

VORTEIL VON HÖRNERN

Hornzapfen und Frontalsinus sind stark mit Blutgefäßen versorgt (vaskularisiert), die sich in Antwort auf Stress und körperliche Anstrengung erweitern und bei kalter Witterung zusammenziehen, sodass die Hörner als wirksame Temperaturregler funktionieren können. Bei 30 °C gibt eine ruhende Ziege 3–4 % der Wärme, die sie produziert, über ihre Hörner ab, während es bei einer rennenden Ziege unmittelbar nach dem Anhalten bis zu 12 % sind. Ziegen mit großen Hörnern rangieren zudem in der Hierarchie der Herde höher als ihre enthornten Herdengenossen. Ferner kann das Enthornen eines Zuchtbocks dazu führen, dass er von brünstigen Ziegen weniger gut angenommen wird. Ziegen senken ihren Kopf nach vorn, um durch ihr Gehörn ihre Autorität unter Beweis zu stellen, und benutzen es, um ihren Gegner zu stoßen, zu schlagen oder um sich mit dessen Gehörn zu verhakeln. Hörner sind zudem als eingebauter Rückenkratzer sehr bequem.

Rechts *Bei manchen Rassen tragen die Böcke (hier eine stattliche Walliser Schwarzhalsziege) riesige, säbelförmige Hörner, die genauso eindrucksvoll sind wie beim Steinbock. Die Geißen finden diesen Kopfschmuck sexuell attraktiv.*

Unten *Während Hörner vor allem thermoregulatorische Funktion haben, dienen sie auch dazu, sich eine Position in der Herdenhierarchie zu sichern, Weibchen zu beeindrucken und sich am Rücken zu kratzen.*

NACHTEIL VON HÖRNERN

Auch wenn Hörner praktisch sind, um eine Ziege im Notfall festzuhalten, ziehen viele Ziegenhalter hornlose Ziegen vor. Gehörnte Ziegen verfangen sich mit dem Kopf leicht in Zäunen, Türen, Fenstern oder Toren – Hindernisse, mit denen ihre wilden oder verwilderten Verwandten niemals in Kontakt kommen. Doch eine Ziege, die irgendwo festhängt oder festklemmt, ist der Witterung oder hungrigen Fressfeinden hilflos ausgeliefert. Ein Horn kann auch abbrechen, und da es durch die Arteria cornualis mit Blut versorgt wird, führt dies zu starken Blutungen. Gehörnte Ziegen können Herdenmitglieder und Ziegenhalter verletzen, sei es mit Absicht oder aus Versehen. Vor allem gelangweilte Böcke setzen ihre Hörner unter Umständen dazu ein, alles Mögliche zu zerstören, auch die stabilsten Gehege.

Das Enthornen einer erwachsenen Ziege ist ein schwerer Eingriff, der große Löcher hinterlässt, die direkt in die Stirnhöhlen führen. Er erfordert einen erfahrenen Tierarzt, eine Vollnarkose, sorgfältige Pflege nach der Operation und eine lange Rekonvaleszenz. Zum Glück lassen sich die Hornanlagen (sog. Hornknospen) eines Zickleins einfach veröden, bevor ihre Entwicklung einsetzt. Dieses kaum invasive Verfahren, das als Entknospen oder Veröden bezeichnet wird, verhindert das Hornwachstum zeitlebens (siehe S. 90).

Oben *Hörner sind zwar wunderbar, können aber auch tödlich sein. Viele Ziegenhalter, vor allem Milchziegenhalter in den USA und in England, ziehen enthornte oder hornlose Ziegen vor.*

HORNLOSE ZIEGEN

Einige Ziegen sind genetisch hornlos und haben dort, wo eigentlich die Hörner wären, nur behaarte Stirnbeulen oder Höcker. Schon bei der Geburt erkennt man normalerweise zwei Haarwirbel über den (zukünftigen) Hornanlagen; hornlose Zicklein haben stattdessen nur einen großen, zentralen Haarwirbel. Verantwortlich für Hornlosigkeit bzw. Hornausbildung ist das «Polled-Gen« (von engl. *polled,* «hornlos»), dabei ist das Allel für Hornlosigkeit dominant, jenes für Hörner hingegen rezessiv (s. S. 59). Daher kann ein Zicklein hornlos sein, selbst wenn nur eines seiner Elterntiere hornlos ist. Zwei gehörnte Elterntiere haben aber niemals natürlich hornlosen Nachwuchs. Von der Paarung ausschließlich hornloser Ziegen wird abgeraten, denn sie kann zu «Intersex-Zicklein» (Hornlos-Zwittern) führen, z. B. männlichen Pseudohermaphroditen, die bei ihrer Geburt weiblich aussehen, beim Heranwachsen jedoch männliche Merkmale entwickeln. Sie sind stets unfruchtbar (steril).

Glöckchen

Glöckchen – auch als Berlocken bekannt – sind fingerähnliche, fellbewachsene Hautausstülpungen an der Kehle von Ziegen, die auch bei einigen Schweine- und Schafrassen vorkommen. Man findet sie gewöhnlich im Kehlbereich, doch sie treten gelegentlich auch an anderen Stellen auf, beispielsweise an den Ohren oder andernorts an Hals und Kopf. In der Regel sind diese Gebilde paarig, doch auch ein einzelnes Glöckchen kommt vor. Die meisten haben eine Länge von 2,5–5 cm, und ihre Form variiert von lang und dünn bis zu kurz und dick. Glöckchen treten weltweit bei den verschiedensten Rassen auf, aber nicht alle Ziegenrassen besitzen sie; sie sind vor allem unter ursprünglich Schweizer Milchziegenrassen in den USA und Europa verbreitet.

GLÖCKCHEN ODER KEINE GLÖCKCHEN?

Glöckchen dienen keinem besonderen Zweck, und Ziegenhalter lieben sie entweder oder hassen sie. Letztere Gruppe behauptet, dass Glöckchen beim Anlegen des Halsbands stören, dass sie im Schauring die Schönheit der Halslinie mindern, dass Zicklein dazu neigen, an den Glöckchen ihrer Altersgenossen zu saugen, was zu Hautreizungen führt, und dass sich Glöckchen an Zäunen und anderen Hindernissen verhaken und abreißen können. (Manche Ziegenhalter schnüren die Glöckchen neugeborener Ziegen mit einem straff sitzenden Gummiband ab, sodass die Blutzirkulation unterbunden wird und die Glöckchen nach rund einer Woche abfallen – oder sie schneiden sie einfach am Halsansatz ab, was zu geringer oder keiner Blutung führt.) Andere Züchter schätzen den Anblick von Glöckchen hingegen und selektionieren speziell auf dieses Merkmal hin.

Oben *Wenn man Glöckchen entfernen will, am besten dann, wenn die Zicklein noch jung sind und es zu gar keinen oder nur geringen Blutungen kommt.*

Rechts *Glöckchen bestehen im Inneren aus Bindegewebe und Knorpelmaterial, sie sind von behaarter Haut bedeckt und hängen von der Kehle einer Ziege herab.*

WAS DIE WISSENSCHAFT DAZU SAGT

Es gibt möglicherweise neben ästhetischen Gründen noch andere gute Gründe, Ziegen mit Glöckchen zu bevorzugen.

So gibt es Untersuchungen, dass Geißen mit Glöckchen mehr Milch geben und fruchtbarer sind als Geißen «ohne». Zicklein mit Glöckchen bringen wiederum unabhängig vom Alter mehr auf die Waage. Beim Vergleich zwischen Ziegenböcken mit und ohne Glöckchen ergab sich, dass Böcke mit Glöckchen in der Regel größer und schwerer sind und überdies ein längeres Skrotum (Hodensack) haben.

In den Tropen- und Trockengebieten Afrikas ist Hitze ein wichtiger limitierender Faktor für die Tierproduktion. In einer Untersuchung über Westafrikanische Zwergziegen fand man, dass Ziegen ohne Glöckchen in der Regel eine höhere Körpertemperatur und eine höhere Pulsrate aufwiesen als Ziegen «mit».

Unten *In der im Text erwähnten Untersuchung über Westafrikanische Zwergziegen wurde festgestellt, dass zwei Drittel der 1344 untersuchten Ziegen Glöckchen trugen.*

Rechts *Glöckchen werden durch ein einzelnes autosomal-dominantes Gen vererbt, ganz ähnlich wie das Gen für Hörner bzw. Hornlosigkeit; daher müssen Zicklein mit Glöckchen zumindest einen Elternteil mit Glöckchen haben.*

GLÖCKCHENZYSTEN

Ein Nachteil von Glöckchen ist, dass sich recht häufig Glöckchenzysten entwickeln. Diese weichen, rundlichen Schwellungen bilden sich an der Basis eines oder beider Glöckchen oder dort, wo Glöckchen entfernt wurden. Diese Zysten sehen, wenn sie groß sind, hässlich aus, doch sie sind völlig harmlos und oft schon bei der Geburt vorhanden, fallen aber erst auf, wenn eine Ziege älter wird. Wenn man Glöckchenzysten punktiert, füllen sie sich wieder auf, doch man kann sie chirurgisch vollständig entfernen. Der Eingriff sollte jedoch von erfahrenen Tierärzten durchgeführt werden, denn die Glöckchen liegen sehr nahe an der Jugularvene und der Halsschlagader.

Das Euter

Das Euter einer weiblichen Ziege besteht aus zwei separaten Drüsenkomplexen oder «Hälften». Beide Hälften sind funktionell unabhängig voneinander.

Milchdrüsen bestehen aus Milch liefernden Drüsenzellen (Milchbildungszellen) und Bindegewebe, wobei die Anzahl der Drüsenzellen die Milchleistung des Euters bestimmt. Daher heißt größer nicht unbedingt besser und mehr, denn ein großes Euter kann eine Menge Binde- und Fettgewebe, aber weniger Milchbildungszellen enthalten als ein kleineres Euter. Die Drüsenzellen kleiden die Wände der rundlichen Drüsenbläschen oder Alveolen aus, und zwar in einer einlagigen Schicht. Mehrere Drüsenbläschen bilden zusammen ein Drüsenläppchen; diese sind ihrerseits zu größeren Strukturen zusammengefasst, den Drüsenlappen. Die in den Drüsenzellen gebildete Milch gelangt über Sammelgänge (Milchgänge) in die Drüsenzisterne (Milchzisterne), die direkt über der Zitze liegt. Die zwischen den Melkvorgängen erzeugte Milch wird größtenteils in den Drüsenbläschen gespeichert, aber auch in der Drüsenzisterne.

Zu jeder Drüsenzisterne gehört eine Zitze (auch Strich genannt), die aus Zitzenzisterne und Zitzenkanal (Strichkanal) besteht. Jeder Strichkanal ist von elastischen Muskelfaserbündeln umgeben, sodass er außerhalb des Melkens geschlossen bleibt.

Unten *Diese schematische Abbildung zeigt die Bestandteile, aus denen das Euter besteht. Die Milch wird von den Zellen in den Drüsenbläschen (Alveolen) produziert. Durch Milchgänge gelangt sie dann in die Drüsenzisterne, von wo sie durch die Zitze freigesetzt wird.*

LÄNGSSCHNITT DURCH DAS EUTER

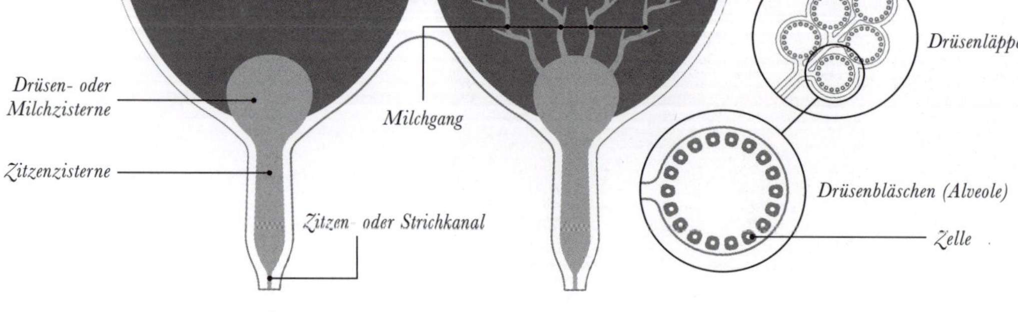

MILCHPRODUKTION

Die Entwicklung des Euters (Mammogenese) beginnt im frühen Fötalstadium und dauert bis zur ersten Milchproduktion (Laktation) einer Geiß fort. Das Hauptwachstum setzt während der Trächtigkeit ein, vor allem während der Hochträchtigkeit, die mit der raschesten Wachstumsperiode des Fötus zusammenfällt. Kurz vor der Geburt ist das Euter der Geiß dann in der Lage, Milch zu produzieren.

Während der Milchproduktion sorgt Oxytoxin – ein Hormon, dessen Freisetzung durch das Säugen angeregt wird – dafür, dass sich die Drüsenbläschen kontrahieren und Milch in die Milchgänge gepresst wird. Dieser sogenannte Milcheinschussreflex wird von sensorischen Nerven an den Flanken und in den Zitzen ausgelöst oder auch vom Meckern eines hungrigen Zickleins.

Die Milchproduktion erreicht rund um den dritten Monat der Laktation ihr Maximum und geht dann allmählich zurück. Wenn eine Ziege über die Wintermonate gemolken wird, sinkt die Milchleistung noch weiter, steigt zum Frühjahr hin aber wieder an. Die meisten Geißen werden während ihrer Laktationsperiode erneut gedeckt und einige Monate vor dem nächsten Geburtstermin «trocken gestellt», das heißt, sie werden nicht mehr gemolken. Geißen mit sehr hoher Milchleistung werden manchmal «durchgemolken» (also ohne Unterbrechung), unter Umständen sogar über mehrere Jahre.

Oben *Eine Geiß ist im Normalfall in der Lage, ihren Nachwuchs zu säugen. Extreme Hängeeuter, deformierte Zitzen und Zitzen mit mehr als einer Öffnung machen das Säugen der Jungen schwierig oder gar unmöglich.*

EUTER UND ZITZEN

Wie ein ideales Euter aussehen sollte, darüber gibt es unterschiedliche Meinungen. In Asien werden bei Ziegen lange, schmale Euter mit großen Zitzen bevorzugt, im Westen hingegen geräumige, nahe am Körper liegende Euter mit kurzen Zitzen. Aber alle Zitzen sollten frei von Fehlbildungen sein, die das Säugen der Zicklein oder das Melken behindern. Die Zitzen sollten so groß sein, dass sich die Ziege mit der Hand melken lässt, und sie sollten nur eine einzige Öffnung an der Zitzenspitze aufweisen – bei zusätzlichen oder ungünstig gelegenen Zitzenöffnungen spritzt die Milch nicht in das Maul des Zickleins oder den Melkeimer.

In den meisten Fällen hat eine Geiß zwei Zitzen. Die Burenziege bildet eine Ausnahme, da sie ursprünglich auf vier Zitzen gezüchtet wurde, denn diese Rasse hat oft Mehrlinge. Die meisten Burenziegenzüchter selektieren inzwischen aber wieder auf zwei Zitzen, um die Deformationen zu vermeiden, die bei Mehrzitzen auftreten können. Zusätzliche kleine Zitzen, die als Bei- oder Nebenzitzen bezeichnet werden, sind recht häufig. Nebenzitzen sind unerwünscht, denn wenn sie Milch produzieren, sind diese kleinen Zitzen nur schwer zu melken, und wenn man sie nicht melkt, so kann dies zu einer Euterentzündung (Mastitis) führen. Ziegenweibchen mit Nebenzitzen werden daher meist von der Zucht ausgeschlossen.

Die Zitzen sollten nicht geteilt oder verwachsen sein oder Auswüchse aufweisen, die beim Säugen oder Melken stören. Verwachsene Zitzen haben einen oder zwei funktionsfähige Strichkanäle und sind oft so dick, dass neugeborene Zicklein nicht daran saugen können. Völlig gespaltene Zitzen (Doppelzitzen) weisen

ZITZENFEHLBILDUNGEN

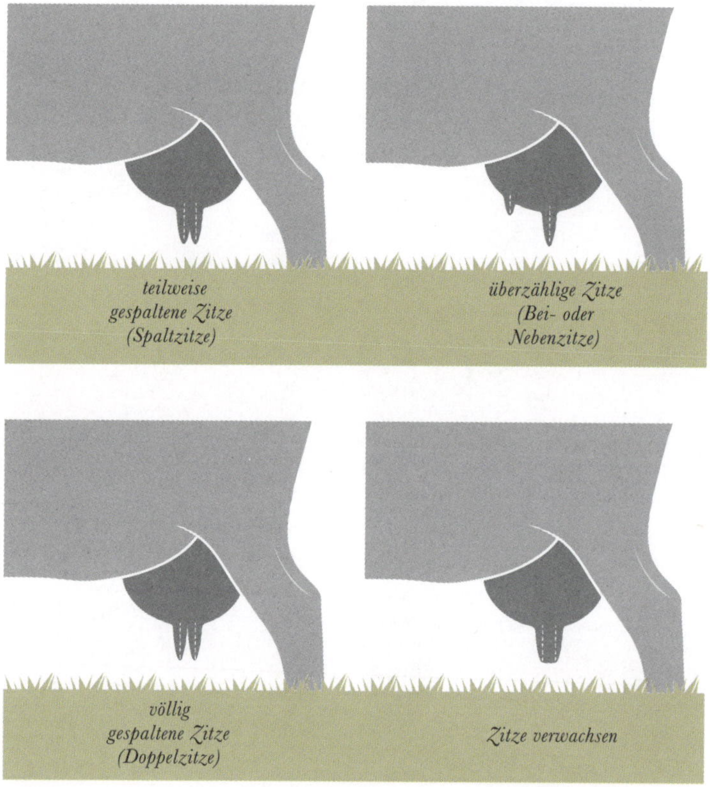

Rechts *Die Bei- oder Nebenzitze an diesem Euter ist funktionslos und daher eher ein Schönheitsfehler als ein Defekt. Nebenzitzen sind jedoch erblich und sollten in der Zucht vermieden werden.*

gewöhnlich zwei funktionierende Milchkanäle auf, und bei den kleineren Zitzen der Fleischziegen ähneln sie unter Umständen zwei eng zusammenstehenden, normalen Zitzen. Zitzen, die nur auf halber Länge gespalten sind, werden auch als «Spaltzitzen» bezeichnet, und wenn beide Zitzenenden einen Milchkanal haben, kann eines Milch ins Gesicht des Zickleins spritzen, während es an dem anderen saugt. Wenn so eine Öffnung an der Seite liegt, wird sie als «Astloch» bezeichnet.

VORZEITIGE EUTERENTWICKLUNG & HEXENMILCH

Manchmal entwickelt eine Junggeiß, ohne trächtig oder jemals gedeckt worden zu sein, ein Euter, das Milch enthält. Dies wird als vorzeitige Euterentwicklung bezeichnet. Sie ist bei Hochleistungs-Zuchtlinien von Milchziegen nicht selten. Töchter von Müttern mit vorzeitiger Euterentwicklung neigen ebenfalls dazu, vor allem mit Beginn der Pubertät. Im ungünstigen Fall kann sich eine Euterentzündung (Mastitis) entwickeln, daher muss das Euter täglich überprüft werden. Gelegentlich werden auch weibliche Zicklein mit winzigen Eutern und gefüllten kegelförmigen Zitzen geboren, die «Hexenmilch» enthalten, deren Bildung vermutlich durch mütterliche Hormone ausgelöst wird.

BÖCKE, DIE MILCH GEBEN

Alle Ziegenböcke besitzen Zitzen, aber nur sehr wenige haben Euter. Es kommt zwar nicht häufig vor, doch manche Böcke entwickeln tatsächlich direkt vor ihrem Hodensack ein Euter, und einige dieser Böcke produzieren sogar Milch – so etwas nennt man Gynäkomastie.

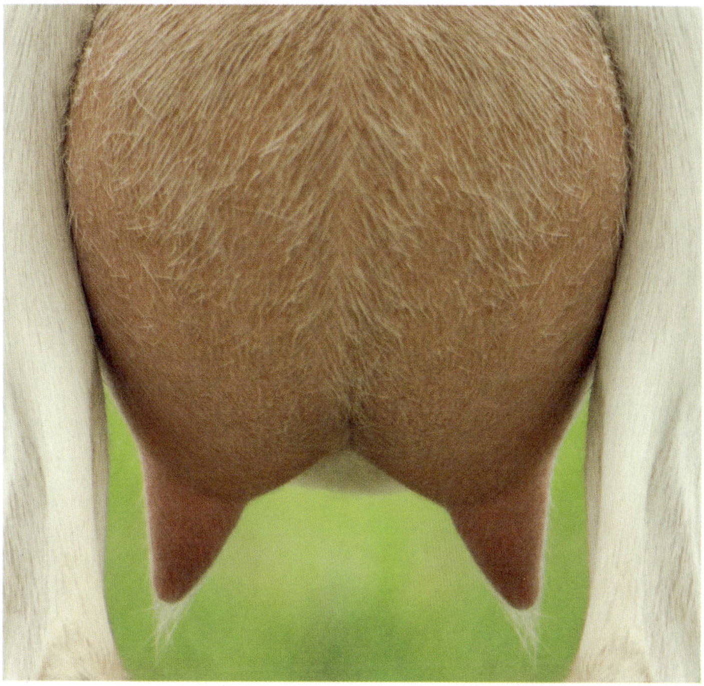

Oben *Dieses perfekt geformte Euter ist symmetrisch, kugelförmig und hoch angesetzt, statt zu hängen. Es hat gut ausgebildete Zitzen von einer Größe, die einfaches Handmelken wie auch Maschinenmelken ermöglicht.*

Links *Dieses Buren-Zicklein hat ein fehlerhaftes Euter – die Zitze links ist zur Hälfte gespalten und die rechte Zitze fast auch.*

Unten links *Blaue Augen – bei Züchtern von Nigeria-Zwergziegen, von Myotonischen Ziegen und von Miniatur-Milchziegen sehr beliebt – sind ein dominantes Merkmal und erfordern mindestens einen blauäugigen Elternteil.*

Die Vererbung von Merkmalen

Die Vererbung bestimmter Hörnerformen, Fellfärbungen oder anderer Merkmale, die wir bei Zigen finden, ist höchst komplex. Sie ist jedoch für jedermann begreiflich, wenn man die Grundprinzipien der Vererbung versteht – die Art und Weise, in der Merkmale von Eltern an ihre Nachkommen weitergegeben werden.

GENETIK

Erbliche Merkmale werden ebenso wie Erbkrankheiten mithilfe des genetischen Codes einer Ziege an ihre Nachkommen weitergegeben, und dieser genetische Code ist in der DNA oder Desoxyribonukleinsäure des Tieres verankert – DNA: ein langes Molekül, das im Zellkern (Nucleus) jeder Zelle eines jeden lebenden Organismus zu finden ist. Die DNA ist in Chromosomen gespeichert, wobei jedes Chromosom Hunderte oder gar Tausende unterschiedlicher Gene (spezifische Abschnitte der DNA-Sequenz) enthält. Ein Gen ist die Einheit der Vererbung und verantwortlich für die Expression eines bestimmten Merkmals. Bei Ziegen gibt es beispielsweise Gene, die Augenfarbe, Fellfarbe, Größe, Hornlosigkeit oder das Vorhandensein von Glöckchen festlegen.

Bei der Zellteilung gelangen diese Gene mit den Chromosomen, die sie tragen, in die neuen Zellen. In der Zelle liegen die Chromosomen in Paaren vor (eine Ziege hat 30 Chromosomenpaare). Und wenn sich ein Bock und eine Geiß paaren, erbt das Zicklein nach dem Zufallsprinzip einen Partner eines jeden Chromosomenpaars vom Vater und einen von der Mutter – und daher eine Kopie eines jeden Gens. Das exprimierte Merkmal hängt jedoch von der speziellen Variante dieser Gene ab.

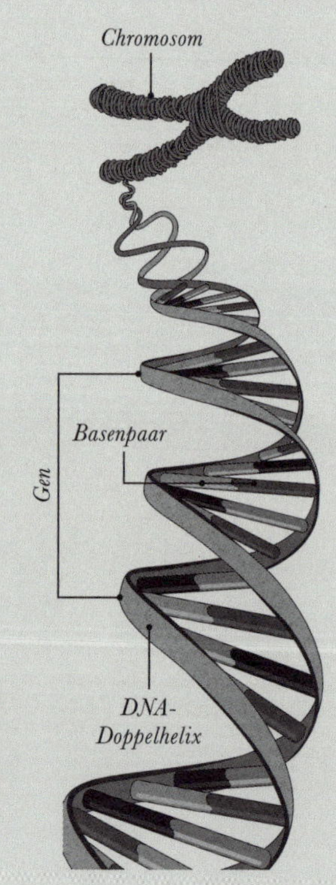

DOMINANTE VERSUS REZESSIVE GENE

Bei Genen gibt es verschiedene Varianten, die man als Allele bezeichnet. Sie liegen an einem bestimmten Ort auf einem bestimmten Chromosom, dem sogenannten Locus. Daher besitzt eine Ziege an jedem Locus eines Chromosomenpaares zwei Allele, eins von jedem Elternteil. Wenn die beiden Allele an einem bestimmten Locus übereinstimmen, sagt man, das Jungtier sei «homozygot» für dieses Merkmal. Stimmen die beiden Allele für ein genetisches Merkmal hingegen nicht überein, dann ist das Jungtier «heterozygot».

Allele sind dominant oder rezessiv. Ein dominantes Allel zeigt sich im Aussehen des Tieres (Phänotyp), selbst wenn nur eine einzige Kopie von einem der beiden Eltern vorhanden ist. Ein rezessives Gen wird hingegen phänotypisch nicht exprimiert, es sei denn, zwei Kopien sind vorhanden, eine von jedem Elternteil. Ein Tier kann also ein Träger sein und ein rezessives Gen in seinem Genom aufweisen, das nicht exprimiert wird, das aber an seine Nachkommen weitergegeben werden kann.

EINIGE WICHTIGE VERERBBARE MERKMALE

Merkmal	dominant	rezessiv
Haare	lang	kurz
Hörner	hornlos (polled)	gehörnt
Verhalten	reizbar	zahm
Ohren	lang	kurz
Glöckchen	vorhanden	nicht vorhanden
Geschlecht	männlich	weiblich
Augenfarbe	blau	braun
Myotonie (S. 66–67)	ja	nein
Bart (geschlechtsabhängig)	bei Böcken dominant	bei Geißen rezessiv

HETEROZYGOTE ALLELE

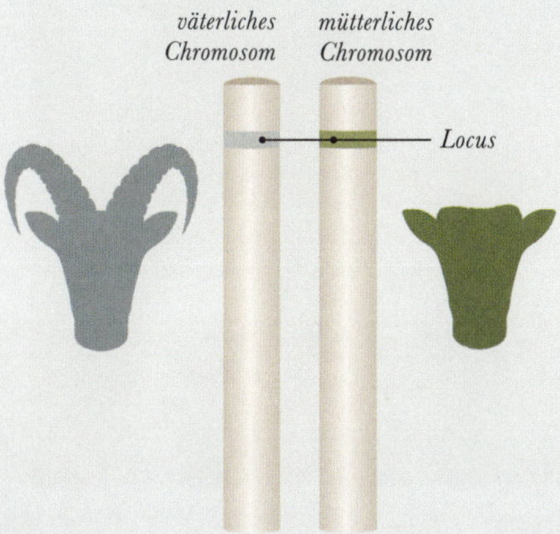

Links und ganz links
Wenn ein Zicklein das Gehörnt-Allel von einem Elternteil und das Hornlos-Allel vom anderen Elternteil erbt, wird das Zicklein hornlos sein, weil Hornlos das dominante Allel ist. Eine homozygot hornlose Ziege lässt sich äußerlich nicht von einer heterozygot hornlosen Ziege unterscheiden – sie sind beide ungehörnt.

Farbschläge & Zeichnung

Bei Säugern bestehen die Pigmente in den Haaren und der Haut aus Melanin, einem Farbstoff, der aus Tyrosin gebildet wird, einer Aminosäure, die die Tiere mit der Nahrung zu sich nehmen. Zwei Typen von Melaninpigmenten bestimmen die Färbung des Ziegenfells: Eumelanin und Phäomelanin. Diese Pigmente können in unterschiedlichen Kombinationen vorliegen. Einige Gene beeinflussen den einen oder den anderen Pigmenttyp, einige auch beide Typen.

Eumelanin bewirkt eine schwarze, dunkelbraune oder blaugraue Färbung. Dort, wo bei einer Ziege Eumelanin in Haut und Haare eingelagert ist, ist sie kompakt schwarz oder braun gefärbt, aber niemals eine Kombination von beidem.

Phäomelanin ruft eine hellbraune, cremeweiße oder rote Färbung hervor. Diese Farben variieren von Dunkelrot bis zu einem sehr hellen Cremeweiß.

Das wichtigste Gen für die Fellfärbung von Ziegen ist das Agouti-Gen. Es gibt bei Ziegen mindestens 14 Allele des Agouti-Gens, wahrscheinlich aber mehr. Dieses Gen kontrolliert das Muster von Phäomelanin und Eumelanin in der Grundfarbe, und die Lage von Phäomelanin- und Eumelaninbereichen bestimmt die Färbung der Ziege.

Rechts *Agouti-Hellbraun und Agouti-Blaugrau sind häufige Fellfarben der Rasse American Pygmy. Dieses Zicklein in Agouti-Blaugrau (neben seiner Mutter in Agouti-Caramel) hat aufgehellte Ohren (frosted, s. S. 63) und eine weiße Kappe.*

Epistase ist die Fähigkeit einer spezifischen Allelkombination an einem bestimmten Locus, die Expression eines anderen Locus (siehe S. 59) zu maskieren. Das maskierte Gen wird als hypostatisch bezeichnet, das Gen, das die Maskierung bewirkt, hingegen als epistatisch.

Das ist bei Ziegen der Fall, wenn Weiß eine andere Farbe maskiert und das Tier gescheckt oder fast ganz weiß erscheint. White Spotting (ein Überbegriff für eine Vielzahl von Scheckenmustern) überlagert die Grundfarbe der Ziege.

Die letztendlich sichtbare Färbung einer Ziege geht auf die Interaktion von Eumelanin, Phäomelanin und White Spotting zurück. Gemeinsam bilden sie eine breite Palette von Färbungen und Zeichnungen. Einige dieser Zeichnungen sind dominant, andere rezessiv, und manche sind bislang noch nicht genauer untersucht worden.

GRUNDLEGENDE FELLFÄRBUNGEN

TYPISCHE FELLFÄRBUNGEN

Weiß oder hellbraun (tan): Einfarbig hellbraun, manchmal mit dunklerer Schulter oder Gesicht.
Sable: Helle Beine, heller Bauch und helle Gesichtsstreifen mit hellbraunem Körper.
Schwarze Maske (black mask): Hellbraun mit Schwarz am Kopf, im Brustbereich und Aalstrich auf dem Rücken. Kann helle Streifen am Kopf aufweisen.
Caramel: Hellbraun mit etwas Schwarz am Kopf und unten an den Beinen, manchmal mit einem schwarzen Bauch.
Wildfarben: Hellbrauner Körper, dunkler Kopf mit Streifen, heller Bauch, schwarz geschiente Beine, Rücken mit Aalstrich und Schulterkreuz. Männchen sind dunkler als Weibchen.
Blackbelly oder badgerface: Hellbraun mit schwarzem Bauch, Rücken mit Aalstrich, Beine unten schwarz geschient; Gesicht schwarz gestreift. Männchen sind dunkler als Weibchen.
Hellbraune Flanken: Ähnlich wie Blackbelly, aber mit breiterem Aalstrich und fast schwarzem Kopf. Nur die Flanken sind hellbraun.
San Clemente: Schwarzes Vorderteil, hellbraunes Hinterteil, helle Streifen auf dunklem Kopf sowie heller Bauch und helle Beine.
Repartida: Schwarzer Vorderkörper, im Allgemeinen ohne hellen Augenstreif, Hinterteil hellbraun. Beine vorne hellbraun, hinten schwarz. Schwarze Bereiche auf den Oberschenkeln. Benannt nach einer brasilianischen Ziegenrasse.
Pfau: Vorderteil hellbraun, Hinterteil schwarz, dunkle Beine und hellbrauner Kopf mit schwarzen Streifen.

Blackbelly (badgerface)

Oben *Die auf S. 62–63 abgebildeten Farben und Zeichnungen basieren auf der Arbeit von Dr. Phillip Sponenberg, Professor für Pathologie/Genetik am Virginia-Maryland College of Veterinary Medicine.*

GRUNDLEGENDE FELLFÄRBUNGEN

Grau gestreift: Mischung aus schwarzen und weißen Haaren am Körper, mit helleren Ohren, Augenstreifen, Schnauze und Beinen.
Grau: Gleichmäßige Mischung aus schwarzen und weißen Haaren mit dunklerem Kopf und Beinen.
Agouti-grau: Gleichmäßige Mischung schwarzer und weißer Haare mit deutlich dunkleren Beinen.
Swiss markings: Dunkler Körper, dunkler Bauch, helle Beine, Ohren und Gesichtsstreifen.
Augenstreif: Schwarz mit hellbraunem Bauch; Hinterbeine vorne schwarz, hinten hellbraun; Vorderbeine hellbraun auf der Rückseite und hellbraun rund um das Bein oberhalb des Knies. Breite, helle Streifen im Gesicht.
Schwarz und hellbraun: Schwarz mit hellbraunem Bauch; Hinterbeine vorne schwarz, hinten hellbraun; Vorderbeine vorne schwarz mit Hellbraun auf der Rückseite und Hellbraun rund um das Bein oberhalb des Knies; helle Ohrinnenseite, helle Gesichtsstreifen.
Fishy: Schwarz, vordere Hälfte des Bauches hellbraun und hintere schwarz. Schwarzes Euter oder schwarzer Hodensack. Mittelbreite Streifen im Gesicht. Vorderseite der Beine mit durchgehenden schwarzen Streifen.
Seitenstreifen: Wie «schwarz und hellbraun», aber dunklerer Bauch und umgekehrte Beinstreifung.
Mahagoni: Dunkle Mischung aus schwarzen und hellbraunen Haaren, dunkle Beine, dunkler Kopf, kaum gestreift.
Rote Wangenpartie: Schwarz mit hellbraunen Flecken auf Wangen, Rückseite der Oberschenkel und auf den Ohrenspitzen.
Keine Zeichnung: Schwarz (nicht abgebildet).

Swiss markings

Oben *Bei Ziegen gibt es eine Vielzahl von Fellfarben und -zeichnungen. Einige, wie Swiss markings, finden sich bei zahlreichen Rassen, andere, wie Grau gestreift, treten seltener auf.*

WEISSE ZEICHNUNGEN

WEISSE ZEICHNUNGEN

Sämtliche Farbschläge können durch eine der folgenden Formen von White Spotting modifiziert werden.

Belted: Von einem Gürtel um die Leibesmitte der Ziege bis zu einer fast vollständig weißen Ziege mit farbigem Kopf und Schwanz. Wahrscheinlich dominant.

Spotted: Zufällig verteilte weiße Flecke, gewöhnlich mit Weiß an Beinen und Rumpf und weiße Flecke auf einem dunkleren Körper. Art der Vererbung ungewiss.

Barbari: Weiße Bereiche an Gesicht und Flanken, in denen kleine, dunkle Flecke erhalten bleiben. Benannt nach der oft ähnlich gezeichneten pakistanischen Barbari-Ziege. Wahrscheinlich rezessiv.

Flowery: Kleine, weiße Sprenkelungen, über das ganze Fell verteilt, besonders an Flanken und Bauch. Wahrscheinlich dominant.

Roan: Einzelne weiße Haare, die in die Grundfärbung eingebettet sind und sie aufhellen, gewöhnlich am Rumpf, aber nicht an Kopf oder Beinen. Wahrscheinlich dominant.

Goulet: Weiße Ohren, Augenregion gefärbt, untere Gesichtspartie weiß, ferner unregelmäßig gezackte, weiße und farbige Flecke am ganzen Körper. Wahrscheinlich dominant.

Algarve: Unregelmäßig gezackte, weiße und farbige Flecke am Körper, dunkle Ohren und Augenmaske. Wahrscheinlich dominant.

Nigerian: Beine dunkel, weiß mit Roan-Flecken in dunklen Bereichen. Homozygote Tiere können sehr blass sein und keine Körperflecke aufweisen. Wahrscheinlich dominant.

Frosted: An Ohren und Schnauze aufgehellt. Besonders häufig bei Nubier- und American-Pygmy-Ziegen. Dominant.

Oben *Eine Roan-, Spotted-, Belted- oder Frosted-Zeichnung an Ohren und Maul ist sehr häufig, eine Goulet-, Algarve- und Barbari-Zeichnung hingegen seltener.*

Barbari

Schafe & Ziegen im Vergleich

Ziege

Schaf

Abgesehen von Wildziegenarten ist das Hausschaf *(Ovis aries)* der nächste Verwandte der Hausziege. Beide Arten haben vieles gemeinsam, auch wenn es auffällige Unterschiede gibt, vor allem in Physiologie und Verhalten. Ziegen und Schafe können sich paaren, doch weil Schafe und Ziegen eine unterschiedliche Chromosomenzahl haben, kommt es bei Mutterschafen, die sich mit Ziegenböcken paaren, nicht zu einer Trächtigkeit, und Geißen, die sich mit Widdern paaren, haben nach fünf bis zehn Wochen eine Fehlgeburt.

SCHAF ODER ZIEGE?

Es ist einfach, typische Wollschafe und Ziegen auseinanderzuhalten, doch etwas schwieriger wird es, wenn es um Wollziegenrassen wie Angoraziege, Pridonskaja-Ziege (oder Don-Ziege) oder Langhaarziegenrassen wie Golden Guernsey, Appenzeller Ziege und Corse-Ziege geht. Und nicht alle Schafe sind typische Wollschafe; Haarschaf-Rassen (die statt Wollvlies eine drahtige Kurzhaardecke tragen) sehen tatsächlich sehr ziegenartig aus.

Im Zweifelsfall sollte man sich den Schwanz anschauen. Bei Ziegen ist der Schwanz kurz und wird meist etwas aufrecht getragen (manchmal über dem Rücken), wenn das Tier nicht verängstigt, beunruhigt oder krank ist. Schafe haben einen längeren Schwanz, der zwar manchmal gekürzt wird, aber stets nach unten hängt.

Auch der Bart ist ein gutes Kennzeichen. Viele, aber nicht alle Ziegen beiderlei Geschlechts tragen einen Bart, Schafe hingegen nicht.

Die Hornform spielt ebenfalls eine wichtige Rolle. Nicht alle Schafe tragen Hörner, doch bei den gehörnten Rassen sind die Hörner größtenteils rechts und links des Gesichts spiralig aufgerollt (Ammonshorn). Bei Ziegen wachsen die Hörner in der Regel zunächst nach oben und biegen sich dann rückwärts,

Unten *Das lange Fell einer Wollziege wie einer Angora- oder Nigora-Ziege kann die Unterscheidung von einem Schaf schwierig machen.*

fort vom Gesicht; allerdings können die säbelförmigen Hörner älterer Böcke locker zu den Seiten des Kopfes geschwungen sein.

Wenn Sie noch immer nicht sicher sind, schauen Sie sich die Oberlippe an. Bei Schafen ist sie durch eine tiefe Furche in zwei Hälften geteilt, die ihnen als Grasfresser erlaubt, das Gras bodennah abzuweiden. Ziegen, die eher Laubfresser sind (Mischäser), brauchen eine derartige tiefe Furche nicht. Achten Sie auch auf die tropfenförmige Infraorbitaldrüse am inneren Augenwinkel von Schafen. Schafe beschnüffeln sich gegenseitig an dieser Drüse, um den sozialen Rang ihres Gegenübers festzustellen.

Im Spätherbst oder Frühwinter, wenn Widder und Böcke brünstig sind, ist zudem der Geruch sehr typisch. Dann riechen die Widder einiger Schafsrassen leicht moschusartig, die Böcke sämtlicher Ziegenrassen stinken jedoch streng nach «Bock» und Harn.

UNTERSCHIEDE IM VERHALTEN

Ziegen fressen am liebsten in Brusthöhe und höher und richten sich gern auf ihre Hinterbeine auf. Schafe grasen lieber näher am Boden.

Ziegen gehören zu den Arten, die ihren Nachwuchs ablegen – die meisten Geißen lassen ihr Junges an einem sicheren Ort und kehren immer wieder zurück, um es zu säugen –, während das Jungtier bei Schafen die Mutter begleitet.

Ziegen sind aktiver, «gesprächiger», neugieriger und unabhängiger als Schafe. Ihre natürliche Wanderlust und Kletterfähigkeiten machen eine Gehegehaltung schwierig, und sie trennen sich auch eher von der Herde. Schafe haben einen starken Herdentrieb (Herdeninstinkt) und lassen sich leichter an Ort und Stelle festhalten.

GEMEINSAME MERKMALE

Lebenserwartung	gewöhnlich 10–15 Jahre
Körpertemperatur	38,6–40,3 °C
Puls	70–80 Schläge pro Minute
Atmung	12–15 Atemzüge pro Minute
Wiederkäuen	1–3 Kaubewegungen pro Minute

Oberlippe einer Ziege

Oberlippe eines Schafs

Unten *Schafe und Ziegen sind sich körperlich und im Temperament so ähnlich, dass sie in der Regel gut miteinander auskommen.*

Rechts *Die tiefe Furche in der Oberlippe eines Schafs dient dazu, Gras bis zum Boden abzuweiden. Die Furche in der Oberlippe einer Ziege ist schwächer ausgeprägt.*

Myotonische Ziegen (Myotonic Goats)

Myotonische oder «ohnmächtige» Ziegen sind eine nordamerikanische Besonderheit. Die heutige Linie der Myotonic Goats geht auf drei Geißen und einen Bock zurück, die Anfang der 1880er-Jahre mit einem umherziehenden Farmarbeiter von Nova Scotia nach Tennessee gelangten. Diese Ziegen wurden zum allgemeinen Gesprächsthema, denn wenn sie erschreckt wurden, versteiften sie sich plötzlich und fielen um. Ein Dr. H. H. Mayberry fand das so interessant, dass er sie kaufte. Mayberry zog die Nachkommen seiner myotonischen Ziegen auf und verkaufte sie an Farmer in der ganzen Region. Nach und nach breiteten sie sich über die Südstaaten der USA aus und gelangten in den 1930ern und 1940ern nach Texas, wo sie sich durch Zuchtwahl zu größeren, fleischigeren Tieren entwickelten. Im Lauf der Zeit ging ihre Zahl jedoch zurück, bis sie 1988 von der American Livestock Breed Conservancy auf die Conservation Priority List gesetzt und offiziell zur gefährdeten Rasse erklärt wurden. Inzwischen hat die Organisation (die heute den Namen Livestock Conservancy trägt) die Rasse in den Status «Erholung des Bestandes» hochgestuft.

«OHNMÄCHTIGE» ZIEGEN WERDEN NICHT WIRKLICH OHNMÄCHTIG

Myotonische Ziegen verlieren nicht wirklich das Bewusstsein; sie leiden vielmehr unter einer genetischen Störung, die als Myotonia congenita bezeichnet wird. Wenn die Tiere erschreckt oder geängstigt werden, bewirkt diese erbliche Störung, dass sich die Skelettmuskulatur, vor allem in den kräftigen Hinterbacken, spontan stark anspannt, kurze Zeit angespannt bleibt und sich dann langsam wieder entspannt. Diese Anfälle sind für die

Gegenüber ***Myotonische Ziegen gibt es in vielen Formen, Größen, Fellfarben und Felltypen; die Palette reicht von 16 kg schweren, glatthaarigen Mini-Myotonic Goats bis zu 90 kg schweren, zottigen Tennessee Meat Goats.***

Rechts ***Wenn Ziegen «ohnmächtig werden», versteifen sie sich, fallen zu Boden und landen gewöhnlich auf der Seite.***

NICHT NUR BEI ZIEGEN

Myotonia congenita kommt nicht nur bei Ziegen vor, sondern auch bei Hunden, Katzen, Taumeltauben, Pferden, Mäusen, Wasserbüffeln und auch Menschen.

Die Störung betrifft Schätzungen zufolge 1 von 100 000 Menschen weltweit und tritt entweder in der häufigsten Form als Muskeldystrophie Becker oder als Myotonia congenita Thomsen auf. Die Muskeldystrophie Becker bewirkt eine ausgeprägtere Muskelsteife als die Myotonia congenita Thomsen, vor allem bei Männern. Viele Menschen mit Muskeldystrophie Becker erleben zudem zeitweilige Episoden von Muskelschwäche, vor allem in den Armen und den Händen. Auch wenn die Myotonie jeden beliebigen Skelettmuskel befallen kann, tritt sie am häufigsten in den Beinen auf. Diese myotonische Muskelsteife kann zwar den Bewegungsablauf stören, ist aber nicht schmerzhaft.

Ziegen schmerzlos, und die Tiere bleiben wach (oft kauen sie sogar Futter weiter, das sie gerade im Maul haben). Sie bleiben 5–20 Sekunden auf dem Boden liegen, bis die von der Schreckstarre ausgelöste Steifheit vorübergeht.

MYOTONISCHE ZIEGEN HEUTE

Myotonische Ziegen sind einfach in der Haltung. Sie sind parasitenresistenter als die meisten anderen Rassen und lassen sich auch leichter im Gehege halten, denn über einen Zaun oder ein anderes Hindernis zu klettern, führt unweigerlich dazu, dass sie sich versteifen. Es gibt mehrere Unterrassen myotonischer Ziegen.

Zwergwuchs bei Ziegen

Oben *Einige Rassen basieren auf Pygmy-Rassen, die mit anderen Rassen gekreuzt wurden, beispielsweise die Rasse Pygora; ihre Vorfahren entstanden aus einer Kreuzung von American Pygmy und Angoraziege.*

Oben *Zwergziegenrassen, die in Nordamerika und Europa entwickelt wurden, stammen von widerstandsfähigen afrikanischen Ziegen wie dieser Westafrikanischen Zwergziege ab.*

Ziegen mit einer Widerristhöhe von weniger als 50 cm werden als Zwergziegen bezeichnet. Es gibt zwar weltweit eine ganze Reihe von Zwergziegenrassen, doch stammen die heutigen, zunehmend kleiner werdenden Ziegen primär von zwei afrikanischen Rassen ab, der Westafrikanischen Zwergziege und der Southern Sudan Dwarf («Südsudanesischen Zwergziege»).

AFRIKANISCHE VORFAHREN

Im Jahr 1847 entwickelte der deutsche Anatom Carl Bergmann eine Theorie, die wir heute als Bergmannsche Regel kennen: Sie besagt, dass die Körpergröße nahe verwandter Arten gleichwarmer Tiere vom Äquator zu den Polen hin ansteigt. Wenn die Körpergröße zunimmt, wächst die Oberfläche nämlich langsamer als das Volumen, und da jeder Körper Wärme durch seine Oberfläche abgibt, können kleine Tiere in warmem Klima relativ mehr Wärme abgeben (und so kühler bleiben) als große. Entsprechend dieser Regel haben sich in den heißen Klimazonen von Zentralafrika mehrere Typen von Zwergziegen entwickelt.

Da ist vor allem die Westafrikanische Zwergziege zu nennen (siehe S. 167), die das Ergebnis einer Achondroplasie ist – einer Form genetisch bedingten Kleinwuchses, der zu einem verringerten Längenwachstum der Extremitätenknochen führt. Daher hat sie einen disproportional plumpen, breiten Rumpf mit stämmigen, kurzen Beinen und einen kurzen, breiten Kopf. Die Widerristhöhe beträgt 30–50 cm. Diese Zwergziegen sind resistent gegen von Tsetsefliegen verbreitete Krankheiten und leiden weniger unter potenziell tödlichen Roten Magenwürmern (siehe S. 107); daher sind sie die einzigen Ziegen, die man regelmäßig in 18 west- und zentralafrikanischen Ländern antrifft. Die Westafrikanische Zwergziege ist der wichtigste Vorfahr der Rasse American Pygmy und weiterer, von dieser abstammender Rassen.

ZWERGZIEGEN WELTWEIT

Die britische Pygmy Goat Society, der Pygmy Goat Club of Ireland und die Pygmy Goat Society of Ireland führen die beiden von afrikanischen Vorfahren abstammenden Zwergziegentypen im Zuchtbuch gemeinsam unter dem Begriff «Pygmy Goat». Zu den Australian Miniature Goats zählt man dort ebenfalls Tiere beider Typen. In Nordamerika werden Pygmy Goats und Nigeria-Zwergziegen hingegen von eigenständigen Organisationen registriert, gekört und gezüchtet.

Zwergziegen sind so beliebt, weil sie gut für den Umgang mit Kindern, älteren Menschen und hilfsbedürftigen Erwachsenen geeignet sind. Sie benötigen zudem weniger Platz und Futter als normalgroße Ziegen und sind, wenn man ihre geringere Größe berücksichtigt, in vielen Fällen produktiver. Beispielsweise brauchen vier Nigeria-Zwergziegenweibchen, die bis zu 4 Liter Milch pro Tag geben, nicht mehr Platz und Futter, als zur Haltung eines einzelnen normalgroßen Ziegenweibchens nötig ist.

Die zweitwichtigste Genquelle ist die Southern Sudan Dwarf («Südsudanesische Zwergziege», auch «nilotische Ziege» genannt); sie ist durch eine Hypophysen-Hypoplasie gekennzeichnet, eine erbliche Störung, die zu einer kleinen, aber wohlproportionierten Ziege führt. Die Widerristhöhe beträgt in der Regel 40–50 cm. Es gibt mehrere Typen; am kleinsten ist die Yei oder Dinkaziege, und alle sind angepasst an das Leben in ariden und semiariden Gebieten von Ostafrika. Sie sind die Vorfahren der Nigeria-Zwergziegen, die wiederum zu Rassen wie Mini-Saanen, Mini-Sable, Mini-LaMancha (Mini-Mancha), Mini-Nubian, Mini-Alpine, Mini-Oberhasli, Mini-Toggenburger und Mini-Golden-Guernsey wie auch Miniature Silky Fainting Goat und Nigora, einer Wollziege, führten (siehe Rasseporträts in Kap. 6).

Links *Amerikanische Züchter entwickelten die Rasse Mini-Mancha, indem sie Nigeria-Zwergziegenböcke mit normalgroßen LaMancha-Geißen kreuzten.*

Rechts *Eine Miniature Silky Fainting Goat, eine von mehreren Rassen, die von der Nigeria-Zwergziege abstammt.*

KAPITEL 3

Sozialleben & Verhalten

Lebensweise

Ziegen sind sehr gesellig und leben gern eng mit Artgenossen zusammen. Abgesehen von Geißen, die kurz vor dem Gebären stehen, entfernen sich Einzeltiere kaum von der Herde. Auch innerhalb der Herde bilden sich kleinere Gruppen; das verstärkt den Zusammenhalt der Herde, und es kommt seltener zu Kämpfen.

ZUSAMMENLEBEN

Die sozialen Gruppen umfassen sowohl Familien als auch Gruppen befreundeter Tiere, und die Aktivitäten der Individuen einer Gruppe sind oft stark synchronisiert. Familiengruppen umfassen oft eine Geiß, ihre Zicklein, ihre kastrierten ausgewach-

Unten *Ziegen sind äußerst soziale Tiere, daher sollten sie mit Artgenossen oder zumindest mit ähnlichen Fluchttieren wie Schafen, Kamelartigen, Pferden oder Eseln gehalten werden.*

senen Söhne und ihre Töchter sowie deren Zicklein; Geschwister bleiben oft lebenslang beieinander. Freundschaften entstehen, wenn Ziegen zusammen gehalten oder insbesondere gemeinsam aufgezogen werden oder wenn man sie eine Weile gemeinsam separat von der Herde hält. Befreundete Tiere aus solchen Gruppen halten häufig ebenso zusammen wie Familienmitglieder. Zeichen der Zuneigung sind beispielsweise dicht nebeneinander verbrachte Ruhephasen, gegenseitige Fellpflege, Beschnüffeln oder Reiben sowie Anzeichen von Unruhe, wenn ein Familienmitglied oder befreundetes Tier außer Sicht ist.

Eine vollkommen von ihrer Herde isolierte Ziege leidet unter großem Stress. Anfangs wird sie hin und her eilen und hohe Unruherufe von sich geben; später wird sie ruhiger und niedergeschlagen. Studien ergaben, dass sich Ziegen auch bei Wiederholung nicht an Phasen der Isolation gewöhnen. Bei Stress leidet die Funktionsfähigkeit des Immunsystems enorm, daher müssen Hausziegen, die man (etwa aufgrund von Krankheit, Verletzungen oder vor dem Gebären) von der Herde absondert, andere Ziegen, am besten die eigene Herde, sehen und hören können.

Manche Rassen sind von sich aus sozialer als andere und haben einen starken Herdeninstinkt, etwa die «tanzende» Nachi-Ziege aus Pakistan. Die Tiere werden in «Nachi-Tanzwettbewerben» präsentiert, wobei ein Schausteller die Leitziege am Ohr führt und eine große Gruppe frei laufender Ziegen ihnen folgt.

Oben *Haben die Ziegen erst einmal ihren Platz in der Herdenhierarchie gefunden, gibt es kaum noch ernsthafte Kämpfe. Dominante Ziegen bedrängen manchmal rangniedere Tiere, doch das ist schlichtweg Teil des Ziegenlebens.*

EINFLUSS DES KLIMAS

In gemäßigten Klimazonen bilden Ziegen zum Winter ein dichtes Unterfell, das sie bei trockener Kälte warm hält. Wind, tiefe Temperaturen und Regen jedoch können als tödliche Kombination wirken und zu tödlichen Lungenentzündung führen, daher suchen Ziegen stets Schutz vor Wind und Regen. Bei trockener Kälte dagegen sind sie gern draußen; selbst bei großer Kälte begeben sie sich dann zum Grasen hinaus.

Unter heiß-feuchten Klimabedingungen hecheln Ziegen, um ihre Körpertemperatur zu senken. Besonders während der Mittagshitze suchen sie Schatten, und oft gewöhnen sie sich an, abends bzw. nachts nach Nahrung zu suchen. Bei heißen, trockenen Außenbedingungen ohne Schatten spendende Bäume drängen sich die Tiere in der größten Hitze zusammen; so verringern sie die Körperoberfläche, die direkt der Sonne ausgesetzt ist.

FUTTERSUCHE

Das Nahrungsverhalten wird von vielen Faktoren beeinflusst, darunter Beweidungsmanagement, Jahreszeit und verfügbare Futterpflanzen, Rasse, Herdengröße und dergleichen.

Ziegen sind selektive Fresser, doch sie grasen auch flächig, wenn nötig. Normalerweise gehen sie 6–8 Stunden am Tag der

Oben *Anders als Schafen macht es Ziegen viel aus, nass zu werden. Bei gemischten Herden grasen die Schafe bei einem Schauer einfach weiter, während die Ziegen Schutz suchen.*

Futtersuche nach; diese Zeit gliedert sich in 5–6 Phasen, unterbrochen von Wiederkäuen (siehe S. 36–39) und Ruhen. Im Sommer nehmen die Tiere in der ersten Phase der Futtersuche am Morgen die größte Nahrungsmenge des Tages auf. Bei dieser frühmorgendlichen «Mahlzeit» fressen sie oft viel und wenig selektiv. Eine zweite längere Periode der Futtersuche ist am späten Nachmittag zu beobachten; die übrigen Phasen sind kürzer. Bei Hitze grasen Ziegen eher abends bzw. nachts. Im Winter wird vom späten Vormittag bis zum späteren Nachmittag am meisten gefressen, wenn die Temperaturen am mildesten sind.

Ziegen lehnen Pflanzen, Heu und Getreide, das nach dem Harn oder Kot von Artgenossen riecht, konsequent ab – gut so, denn dies schützt vor der Aufnahme von Parasiteneiern.

Oben *Auf der Weide wechseln Ziegen im Verlauf des Tages zwischen Grasen und Ruhen. In Ruhephasen entspannen sie sich wiederkäuend mit Familienmitgliedern und befreundeten Tieren.*

Rechts *Ziegen haben eine niedrigere Schmerzschwelle als andere typische Beutetiere; sie äußern auch schneller Schmerzenslaute. Schmerzens- und Stresslaute sind laut und unverwechselbar.*

DER FLUCHTIMPULS

Bei Erschrecken oder großen Schmerzen schreien Ziegen laut und versuchen zu fliehen. Manchmal verfallen sie jedoch in eine Starre (katatonischer Zustand). Diese Reaktion wurde zuerst von Iwan Pawlow beobachtet, jenem russischen Forscher, der für seine Arbeit zur Konditionierung von Hunden berühmt wurde. Er vermutete, dass sie dazu dient, den dem Selbstschutz dienenden Fluchtimpuls zu unterdrücken.

Rangordnung

In jeder Ziegengruppe, ganz gleich, ob diese zwei oder zweihundert Tiere umfasst, bildet sich eine strenge, lineare soziale Rangordnung aus. Ist diese erst einmal etabliert, bleibt sie meist bestehen, bis eine neue Ziege zur Herde hinzukommt. Das neue Tier muss sich dann seinen Platz in einer neuen Rangordnung erkämpfen.

LEITBOCK

Die meiste Zeit des Jahres folgen alle Böcke der Gruppe, auch der ranghöchste, der Leitgeiß. Mit Beginn der Brunst jedoch übernimmt der ranghöchste Bock die Leitung der Herde. Er deckt alle Geißen. Rangniedere Böcke kommen nicht zum Zug, aber die forscheren fordern den Leitbock immer wieder heraus. Eine Leitgeiß wird in ihrer Position allerdings etliche junge Leitböcke überdauern.

Der hier gezeigte ältere Bock war Leitbock der verwilderten Bilberry Goats, die womöglich seit Jahrhunderten auf dem Bilberry Rock in der irischen Stadt Waterford leben.

HACKORDNUNG

Das ranghöchste Tier ist meist eine erfahrene, ältere Geiß, das Leittier. Sie frisst am Trog, was sie möchte, beansprucht den besten Schlafplatz für sich und betritt als erste den Melkstand. In freier Natur zieht eine Herde, weil das Leittier sie führt. Hält es an, hält die ganze Herde. Frisst es, frisst die Herde – bevorzugt das, was auch das Leittier frisst. Die Leitgeiß kann auch nach Belieben andere Herdenmitglieder drangsalieren, beißen oder stoßen. Sie hat das Sagen.

Das Tier auf Platz zwei der Rangordnung kann dasselbe mit allen Herdenmitgliedern tun, nur nicht mit dem Leittier. Die Ziege auf Rang drei kann alle drangsalieren außer die beiden ranghöchsten Tieren und so fort. Am Ende der Rangordnung steht ein scheues Individuum, auf dem alle anderen herumhacken, das sich aber selbst an keinem auslassen kann.

Dominante Geißen bringen meist dominante Zicklein hervor. Solange diese gesäugt werden, bekleiden sie dieselbe Position wie ihre Mutter; nach dem Entwöhnen erkämpfen sie sich dann ihren eigenen Platz in der Rangordnung. Mütter dominieren allerdings stets über ihre Kitze. Die Jungziegen streben etwa im Alter von sechs Monaten einen eigenen Platz in der Rangordnung an.

Manchmal versuchen Ziegen, in der Rangordnung aufzusteigen, indem sie ein ranghöheres Tier herausfordern, doch dies ist eher selten. Die Leitgeiß wird fast nie entthront, es sei denn, sie ist alt und schwach. Dann kann eine andere ranghohe Ziege (oft eine ihrer Töchter) sie herausfordern und ihren Platz einnehmen.

Links *Jede Ziege in jeder Rangposition innerhalb der Herde könnte die Leittiere herausfordern, um ihren Rang schnell zu verbessern; tatsächlich aber geschieht dies nur selten.*

RANGKÄMPFE

Abgesehen von kleineren Rangeleien unter Familienmitgliedern und Freunden (siehe unten) herrscht in der Herde meist Frieden, weil jede Ziege ihren Platz kennt und diesen verteidigt, indem sie rangniederen Tieren droht; auf echte Kämpfe lässt sie sich nur selten ein. Als Warnung dient das Drohen mit den Hörnern. Dabei wird der Hals gestreckt, der Kopf gesenkt und bei starrem Blick das Gehörn oder die Stirn präsentiert. Macht die andere Ziege einen Rückzieher, wird sie oft von der ranghöheren verjagt. Funktioniert das nicht, kann die dominante Ziege ihre Hörner oder Stirn gegen die andere drücken, aufsteigen, ohne mit dem Kopf zu stoßen, sie ins Ohr beißen oder sie ins Hinterteil oder die Flanke stoßen (siehe Kasten rechts).

Außer durch Kämpfe wird die Rangordnung in der Herde durch Aggressivität, Rasse, Geschlecht, Alter, Körpermasse und Horngröße bestimmt, wobei die letzten beiden Faktoren besonders ins Gewicht fallen. Eine Studie ergab, dass bei in landwirtschaftlichen Betrieben gehaltenen Milchziegen die horntragenden Tiere mehr mit den Hörnern

Unten *Starrer Blick, Stöße mit dem Kopf, Drohen mit den Hörnern und Bedrängen sind eher sanfte Wege, Dominanz zu zeigen. Selbst hornlose Ziegen drohen, indem sie ihrem Gegner die Stirn zeigen.*

Oben *Zicklein bekleiden die Rangposition ihrer Mutter, bis sie sich eine eigene Position erkämpfen. Bis dahin trainieren sie im Spiel ihre kämpferischen Fähigkeiten.*

drohten, aber weniger Körpereinsatz zeigten als ihre hornlosen Herdengenossinnen, offensichtlich weil rangniedere Tiere horntragenden Tieren eher nachgeben.

Kämpfe treten oft auf, wenn ein neues Tier in die Herde kommt und die bestehende Rangordnung anficht, doch zum Glück werden die Positionen innerhalb von Tagen geklärt, und ernsthafte Verletzungen sind selten. Andere Ziegen fungieren meist als Zuschauer, wenn es zu Rangkämpfen kommt; gelegentlich aber mischen sie sich ein, besonders wenn der Herausforderer ein neues Tier ist. Auch wenn es den Ziegenhalter in Unruhe versetzt: Solch agonistisches Verhalten bei Rangkämpfen ist ein wichtiger Teil des Ziegenlebens.

STOSSEN

Das Stoßen mit Hörnern oder Stirn wird eher von den ranghohen Tieren einer Herde ausgeführt. Es kann recht brutal sein, besonders wenn das angreifende Tier seinen Gegner heftig von hinten stößt. Gibt die andere Ziege nicht nach, kann ein heftiger Kampf folgen. Kämpfende Ziegen stellen sich etwa 1–2 m voneinander entfernt auf. Dann richten sie sich im rechten Winkel zum Gegner auf den Hinterbeinen auf, drehen sich zueinander, springen vorwärts und rammen die Köpfe krachend gegeneinander.

Böcke

Ausgewachsene Böcke können je nach Rasse zwischen 25 kg und 250 kg und sogar mehr wiegen. Sie stehen unter dem Einfluss von Hormonen, daher ist auch bei «gut erzogenen» Böcken Vorsicht geboten. Das Brunstverhalten beim Bock versetzt jeden, der noch nie mit Ziegen zu tun hatte, in Erstaunen. Kurzum, Ziegenböcke sind keine einfachen Haustiere.

AGGRESSIVITÄT

In freier Natur müssen Böcke um alles kämpfen, von Nahrung und Schutz bis hin zum Recht auf Fortpflanzung, daher zeigen sie weitaus mehr agonistisches Verhalten als Kastraten (Mönche). Die meisten Böcke fordern hin und wieder ihre Halter heraus, manche tun dies sogar häufig. Zudem sind manche Rassen und Zuchtlinien aggressiver als andere. So oder so muss man Böcke, die zur Zucht verwendet werden sollen, mit besonderer Sorgfalt aufziehen (siehe S. 110–111).

DER GERUCH

Männliche Ziegen gelten allgemein als streng riechend, und das gilt besonders für Böcke in der Brunstzeit. Der stechende Geruch geht zum guten Teil darauf zurück, dass die Böcke ihre Bärte, Gesichter und Vorderbeine mit Urin einsprühen (Maulharnen), bis diese von dessen Geruch durchtränkt sind.

Der Penis des Ziegenbocks ist im Ruhezustand s-förmig geschwungen und kann sich so bei der Paarung um bis zu 30 cm verlängern. Die Harnröhre ragt als 2–3 cm langer, wurmförmiger Fortsatz (Processus urethrae) aus der Penisspitze heraus.

Unten *Die meisten Böcke sind außerhalb der Brunstzeit umgänglich, doch wenn die Zeit der Fortpflanzung naht, verändert sich ihr Verhalten unter Hormoneinwirkung tiefgreifend.*

HARN- UND GESCHLECHTSTRAKT DES BOCKES

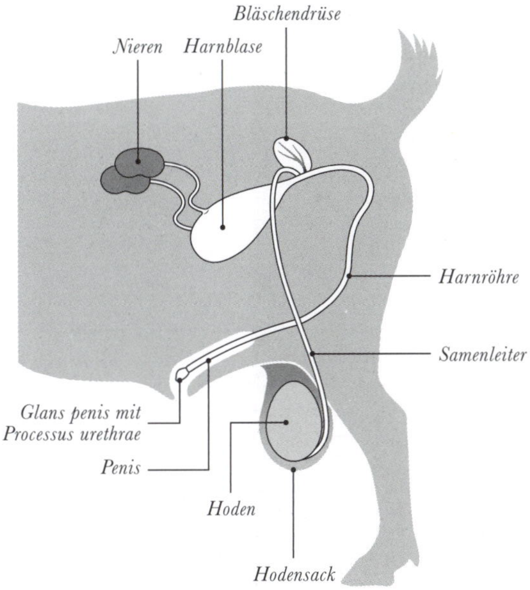

Oben links *Die schmale Harnröhre des Ziegenbocks endet in einem fadenförmigen Fortsatz, dem Processus urethrae. Kalziumablagerungen können beide Organe verlegen und so potenziell lebensgefährliche Blockaden auslösen (s. S. 104).*

Oben rechts *Der Harnröhrenfortsatz des Bockes ist korkenzieherartig gewunden, offenbar, um bei der Ejakulation Sperma in der Vagina der Geiß zu verteilen, aber auch, um Urin weiträumig zu verspritzen.*

Bei der Paarung und beim Urinieren wirbelt der Processus urethrae umher; dies dient wahrscheinlich dazu, Sperma in der Vagina der Geiß zu verteilen. Dank der besonderen Anatomie kann der Bock seinen Urin recht weit verspritzen.

Dazu senkt er den Vorderkörper und biegt Kopf und Hals seitlich nach hinten; dann spritzt oder sprüht er – gleichmäßig oder stoßweise – Urin in sein Gesicht und an seine Vorderbeine. In dieser Position hält er Nase und Maul in den Urinstrahl, manchmal leckt er sogar Urin auf. Am Ende der Prozedur leckt er oft seinen Penis und wirft dann den Kopf flehmend in den Nacken (siehe S. 44).

Am Ende der Brunstzeit stinken Böcke zum Gotterbarmen; Gesicht und Vorderbeine sind mit einer dicken, klebrigen Schicht getrockneten Urins bedeckt. Diese kann (besonders am Kinn und an der Rückseite der Vorderbeine) regelrechte Verätzungen mit Haarverlust, Hautreizung und offenen Stellen bewirken.

Zum Bockgeruch trägt auch das stechend riechende Sekret von Hautdrüsen am Hornansatz bei. (Wenn sich ein Bock mit der Stirn an ihnen reibt, markiert er sie mit seinem Geruch. Auch Geißen haben Duftdrüsen, doch riecht deren Sekret nicht so penetrant, und sie bespritzen sich auch nicht mit Urin.) Forscher entdeckten kürzlich, dass eines der von Ziegenböcken abgegebenen Pheromone im Gehirn der Geiß eine hormonelle Kettenreaktion auslöst.

Mit dem Alter intensiviert sich der Bockgeruch. Die meisten Jungböcke riechen in der ersten Brunst noch wenig. Da der Geruch die Geißen anzieht und diese meist größere, ältere Böcke bevorzugen, werden Jungböcke bei Paarungsversuchen oft weggestoßen.

Links *In freier Natur deckt ein einzelner Leitbock die Geißen der Herde. Jungböcke halten sich in Gruppen in der Nähe einer Herde auf, bis sie es wagen, die Position eines Leitbocks anzufechten.*

Unten *Böcke schnalzen, stampfen und blöken, während sie eine Geiß unermüdlich verfolgen, bis sich diese schließlich decken lässt. Viele Ziegenhalter binden Geißen, die gedeckt werden sollen, deshalb an, um die Sache zu entdramatisieren.*

GESCHLECHTSREIFE BEIM BOCK

Je nach Rasse, genetischer Ausstattung und Haltung können manchmal schon Jungböcke, noch während sie bei der Mutter mitlaufen, Geißen begatten – auch ihre Mutter oder Schwestern. Schon 110 Tage nach der Geburt wurden bei Milchziegenböcken aktive Samenzellen im Nebenhoden (der Samenleiter und Hoden verbindet) festgestellt; bei Rassen wie der Nigerian Dwarf ist dies sogar eher die Regel als die Ausnahme (siehe S. 194).

DAS PAARUNGSRITUAL

Hat ein Bock eine paarungsbereite Geiß ausgemacht, läuft er Kopf an Kopf neben ihr her über die Weide oder durch den Pferch; dabei hebt er wiederholt ein gestrecktes Vorderbein in Richtung der Geiß (Laufschlag), schnalzt mit der Zunge und gibt knurrende Laute von sich, aber auch solche, die wie «wap-wap-wap» klingen. Ist die Geiß paarungswillig, bleibt sie still stehen. Der Bock beschnüffelt dann ihre Flanken und Analgegend, Wenn sie uriniert (und das tut sie meist), leckt er ihren Urin auf. Steht sie immer noch still, besteigt er sie. Nach einigen Stößen wirft er dann bei der Ejakulation seinen Kopf nach hinten; dann gleitet er hinab, verschnauft kurz und versucht es erneut.

Geißen

Adulte Geißen können von etwa 18 kg bei der kleinen Nigerian Dwarf oder West African Dwarf bis hin zu 136 kg bei manchen asiatischen Riesenrassen wiegen. Böcke werden für die Zucht benötigt, und Mönche sind gut als Gesellschafts- oder Arbeitstiere geeignet, doch die weitaus meisten weltweit gehaltenen Ziegen sind Geißen, die der Milchgewinnung dienen.

BOCKIGKEIT

Bei Rassen, die eine Paarungssaison zeigen (wie jene, die aus Europa und Nordamerika stammen), kommen die Geißen von Herbst bis zur Mitte des Winters alle 18–23 Tage in Hitze. Bei Rassen mit asaisonaler Brunst (also jenen, die aus heißen Klimazonen stammen, etwa Wüsten- oder äquatorialen Gebieten) zeigt sich der Brunstzyklus das ganze Jahr hindurch.

Die Anwesenheit und der Geruch eines Bocks wirken stimulierend auf die Geißen (siehe S. 80). Die meisten Geißen ziehen ältere Böcke mit eindrucksvollem Gehörn jüngeren Rivalen vor. Sie reiben Hals und Körper an dem Auserwählten, um ihn zu gewinnen. Eine voll paarungswillige Geiß steht mit leicht gesenktem Kopf, steifen Beinen und seitwärts

Unten links *Milchziegen werden auf gut ausgebildete Euter, Milchproduktion und (bei größeren Haltungen) auf Verträglichkeit mit Artgenossinnen selektiert.*

Unten rechts *In Hitze verhalten sich Geißen manchmal wie Böcke; sie knurren, heben ein Vorderbein nach vorn, stampfen auf und besteigen andere aus der Herde, besonders wenn diese auch in Hitze sind und kein Bock vorhanden ist.*

BRUNSTZEICHEN

- Interesse an Böcken in der Nähe
- Laute Brunstschreie
- Vermehrtes Urinieren
- Besteigen anderer Geißen und Mönche, auch Besteigenlassen durch diese
- Verringerte Milchleistung
- Schwanzwedeln (Wippeln)
- Verringerter Appetit
- Auf-und-ab-Laufen am Zaun
- Manchmal etwas klarer vaginaler Ausfluss
- Persönlichkeitsveränderung

Oben *In der Brunst rufen Geißen oft laut und schrill, laufen unruhig hin und her und verhalten sich vollkommen «daneben». Das kann recht nervtötend sein.*

gezogenem Schwanz da; wenn der Bock sie unter dem Schwanz beschnüffelt, setzt sie meist Urin ab.

Die Brunst (Östrus) dauert meist zwei bis drei Tage. Die Zeit vom Beginn einer Brunst bis zum Beginn der nächsten bezeichnet man als Brunstzyklus. Der Eisprung (Ovulation) erfolgt 12–36 Stunden nach Beginn der Duldungsphase, in der die Geiß paarungswillig ist. Zu Beginn der Brunst laufen Geißen oft weg oder weichen aus, wenn ein Bock versucht, sie zu decken, doch in der Duldungsphase lassen sie ihn gewähren.

Ist eine Geiß trächtig, tritt sie in den Anöstrus ein und kommt normalerweise nicht mehr in Hitze; ein geringer Prozentsatz der Geißen lässt sich jedoch auch während der Trächtigkeit decken.

DAMENWAHL

Geißen sind oft sehr wählerisch hinsichtlich ihrer Partner, was manchen Ziegenhalter, der einen bestimmten Bock für die Zucht ausgewählt hat, zur Verzweiflung bringen kann. Geißen bevorzugen größere, ältere Böcke mit großem Gehörn. Haben sie einen Favoriten gewählt, lehnen sie oft sogar auf dem Höhepunkt der Brunst jeden anderen konsequent ab, besonders jüngere und hornlose oder enthornte Böcke. Gleiches widerfährt aus unerfindlichen Gründen manchmal auch scheinbar perfekten großen, älteren, gut behornten Böcken. Die einzige Lösung ist dann, die Geiß festzuhalten, damit der Bock sie decken kann.

Zicklein

Saugkitze bekleiden denselben Rang in der Herde wie ihre Mutter (siehe S. 76–79), daher achten rangniedere Geißen darauf, ihren Nachwuchs von den höherrangigen Tieren der Herde fernzuhalten. Diese haben wenig Geduld mit dem Nachwuchs anderer Geißen und stoßen oder schubsen die Kleinen oft weg. Bei mehr als einem Kitz wird oft eines (meist ein männliches) von der Geiß bevorzugt.

BINDUNG

Gleich nach der Geburt steht die Geiß auf und beginnt, ihr Kitz zu säubern. Dabei kommt es zur Bindung zwischen Mutter und Nachwuchs; man sollte beide deshalb allein lassen, bis dies erfolgt ist.

Die Bindung erfolgt (mit einigen Unterschieden je nach Rasse) innerhalb von 1–4 Stunden nach der Geburt; das ist eine deutlich kürzere Phase als bei Schafen und Rindern. Nach 24–48 Stunden kann eine Geiß ihr Kitz von anderen in der Herde sicher unterscheiden. Zicklein, die aus dem Ablammstall entfernt oder sonst wie weggestoßen oder verloren werden, bevor die Geiß sie sauber leckt, werden manchmal abgelehnt. Meist aber akzeptiert eine Ziege ihren Nachwuchs, wenn ihr dieser innerhalb von zwei Stunden nach der Geburt wieder zugeführt wird. Ein Kitz, das sich einer anderen Milch gebenden Geiß als der eigenen Mutter nähert, wird schroff weggestoßen.

Oben *Die meisten Geißen sind instinktiv gute Mütter. Sie stehen gleich nach der Geburt auf und lecken ihre Zicklein sauber, was die dauerhafte Bindung fördert.*

ERSTE WOCHEN

Ziegen sind Nestflüchter, will sagen: Schon kurz nach der Geburt stehen die Zicklein auf und suchen nach dem Euter der Mutter. Ein normales Kitz steht innerhalb von 10–30 Minuten auf und trinkt innerhalb einer Stunde. Bei mehr als zwei Zicklein sichern sich die stärkeren Geschwister Zitzen, die schwächeren jedoch nicht; ohne Eingreifen des Halters könnten schwächere Geschwister also sterben.

Zicklein trinken auf den Vorderbeinen «kniend» und stoßen vor und während des Saugens mit der Nase das Euter an, was den Milchfluss fördert. Ein schnell wackelndes

Schwänzchen zeigt an, dass das Kitz gerade trinkt. Nach der Milchmahlzeit halten die satten Zicklein ein Schläfchen. Ein Kitz, das ständig schreit oder saugt oder am Euter der Mutter sucht, ist mit Milch unterversorgt. Geißen sind anfangs sehr aufmerksame Mütter und lassen ihren Nachwuchs trinken, wann immer er will. Werden die Zicklein größer, lässt die Mutter sie kurz trinken und geht dann weg, wenn sie meint, es sei genug. Dies ist der erste Schritt hin zur Entwöhnung (Absetzen), die frühestens mit 3 Monaten, meist aber deutlich später – wenn die Kitze 5–6 Monate alt sind – erfolgt. Manche Geißen säugen ihre Zicklein sogar bis kurz vor der nächsten Geburt.

Einige Geißen akzeptieren auch fremde Kitze und ziehen sie auf, besonders wenn ihnen diese kurz nach der Geburt zugeführt werden. Auch Mutter-Tochter-Schwester-Gespanne «teilen» sich manchmal ihre Zicklein, säugen also bereitwillig auch die Nachkommen der anderen Geißen.

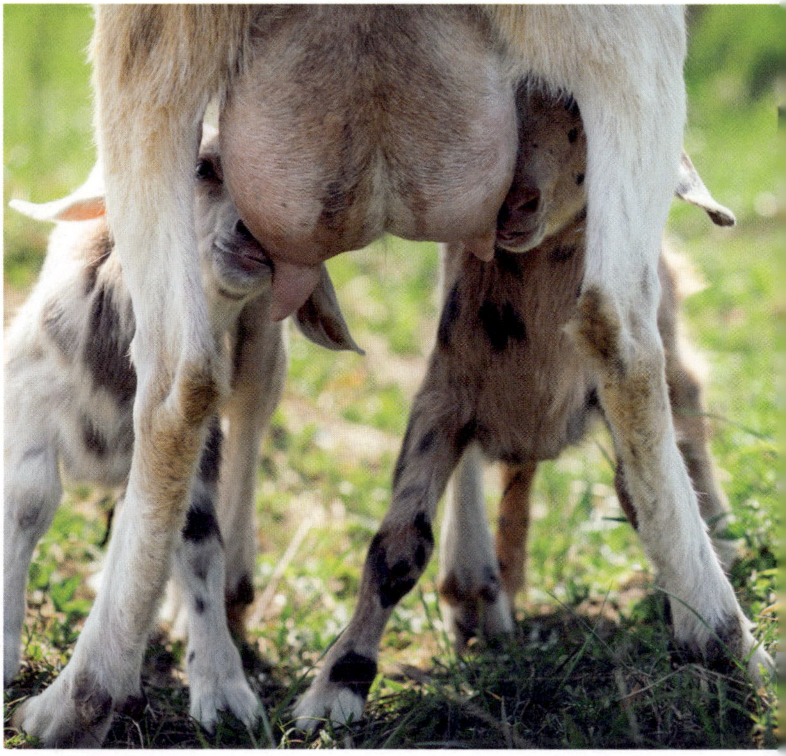

KOLOSTRUM

Das Kolostrum («Biestmilch») ist die dicke, gelbliche Milch, die in den ersten 48 Stunden nach der Geburt von der Geiß gebildet wird. Es enthält viele wichtige Nährstoffe, vor allem aber Antikörper, die das Kitz zum Überleben braucht, denn sein Immunsystem ist erst ab etwa der 7. Lebenswoche ausgereift.

Das Kolostrum muss innerhalb des ersten Lebenstages aufgenommen werden, am besten jedoch in den ersten 1–2 Stunden nach der Geburt. Der Antikörpergehalt im Kolostrum nimmt nämlich nach etwa 12 Stunden stark ab, und nur in den ersten etwa 12–24 Lebensstunden des Zickleins können die Antikörper vom Zicklein durch die Darmschleimhaut aufgenommen werden.

Das Kolostrum ist sehr wichtig; Tiere, die es nicht erhalten, überleben nur selten.

Oben *Zicklein stehen schon kurz nach der Geburt auf und suchen das Euter der Mutter. Sind es mehr als zwei Geschwister, gibt es Probleme, denn es gibt nur zwei Zitzen. Manche Halter ziehen überzählige Kitze grundsätzlich mit der Flasche auf.*

Links *Geißen bringen ihren Kitzen das Wassertrinken bei und zeigen ihnen auch, welche Pflanzen bekömmlich sind und welche nicht.*

Unten *Auch Hausziegen verstecken manchmal ihre neugeborenen Kitze. Diese sind darauf programmiert, still dort zu verharren, wo die Mutter sie abgelegt hat, bis diese zurückkehrt.*

ABLEGEN

Ziegen gehören zum «Ablegetyp», das heißt, Geißen legen ihre Neugeborenen an einem sicheren Ort ab und entfernen sich dann zum Grasen; etwa zwei- bis viermal am Tag suchen sie das versteckte Kitz auf, um es zu säugen. Manche, aber nicht alle Hausziegen halten es ebenso. Manchmal «verlegt» eine Geiß ihr Kitz und findet es erst nach viel Geschrei und aufgeregtem Suchen wieder.

Kitze harren dort aus, wo sie von der Geiß abgelegt wurden; sie können sich sehr klein machen und suchen selbst Höhlungen als Verstecke auf. Dieses Verhalten dauert ein bis zwei Tage, teils bis zu einer Woche und länger an; dann folgen die Kleinen allmählich der Mutter und beginnen auch schon, an Gras zu knabbern. Die Geiß zeigt ihren Nachkommen, welche Pflanzen bekömmlich sind und wie sie Wasser trinken.

LÄMMER

Manche Mutterziegen ziehen bereitwillig auch Lämmer auf, doch ist dies nicht empfehlenswert, denn Lämmer stoßen das Euter der Mutter deutlich stärker als Ziegenkitze, sodass das empfindlichere Ziegeneuter verletzt werden könnte.

Zudem versuchen Geißen oft vergeblich, ihr wolliges Pflegekind abzulegen, denn Schafe gehören zum «Nachfolgetyp» und versuchen stets, sich dicht bei der Mutter zu halten.

MÄGEN BEIM JUNG- UND ALTTIER

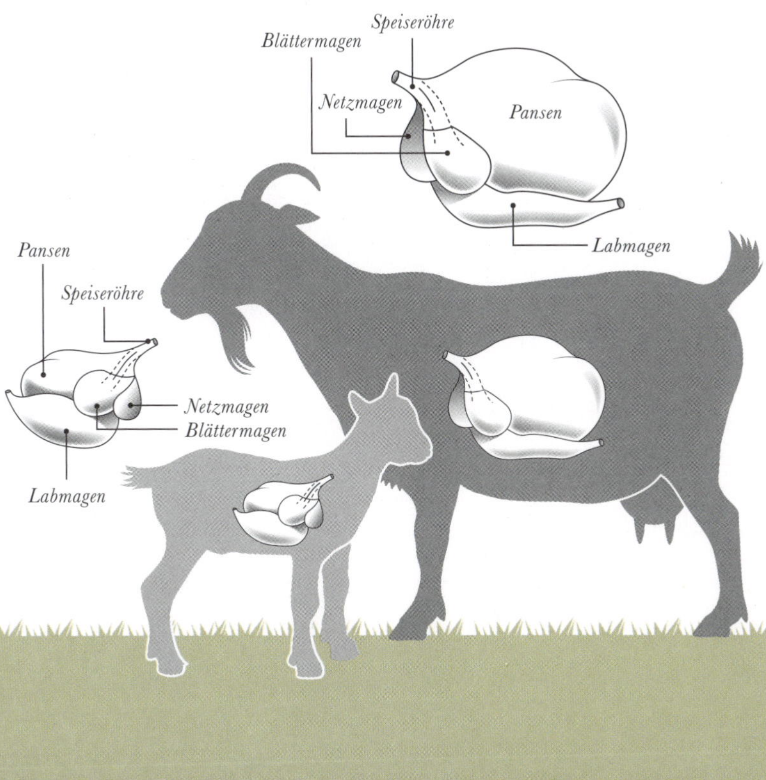

Die Magenrinne verläuft von der Speiseröhre bis in den Labmagen; beim Saugen schließt sie sich reflexartig zu einem Rohr (siehe auch S. 39). Beim Saugkitz gelangt so die Milch an den Vormägen (wo sie fehlverdaut würde) vorbei direkt in den Labmagen. Ab etwa der 3. Lebenswoche nimmt das Kitz auch Raufutter zu sich; dann nehmen die Vormägen allmählich an Größe zu, und insbesondere der Pansen nimmt seine Arbeit auf. Adulttiere ernähren sich fast ausschließlich von Raufutter.

Links *Beim Kitz stellt der Labmagen 70 % des gesamten Magenvolumens. Bei der erwachsenen Ziege ist der Labmagen deutlich kleiner, und der Pansen nimmt das meiste Volumen ein.*

DIE HÖRNER

Je nach Geschlecht und Rasse zeigen sich die Hornknospen nach ein bis drei Lebenswochen. Die Kitze reiben ihre Stirn an harten Objekten, um das Durchbrechen der Hörner zu fördern. Wenn diese dann wachsen, scheint sich ihre Außenhaut manchmal zu pellen; das ist normal. Mit zunehmender Länge wird das Horn wieder glatt.

Oben und unten *Das Entfernen der Hornknospen wirkt brutal, doch der Eingriff ist schnell vorüber, wenn er fachgerecht durchgeführt wird. Die Kitze erholen sich rasch und laufen schnell zur Mutter, um sich Trost zu holen.*

ENTHORNUNG

In vielen Ländern der westlichen Welt werden Ziegen enthornt. Das Enthornen wird am besten am 4.–10. Lebenstag durchgeführt, wenn die Hornknospen direkt unter der Haut als harte Höcker fühlbar sind. Der genaue Zeitpunkt variiert je nach Geschlecht – Böckchen werden meist früher enthornt – und Rasse. In manchen Ländern darf nur der Tierarzt die Hornknospen entfernen; in anderen führen erfahrene Halter die Prozedur selbst durch. Dabei wird die glühend heiße Spitze des Enthorners kurz auf das Wachstumsgewebe um die Hornknospe aufgesetzt; die schwarze Kappe aus verbranntem Gewebe wird dann später entfernt. Eine örtliche Betäubung vor dem Eingriff ist geboten und in vielen Ländern auch vorgeschrieben.

Das Zicklein wird in einen Enthornungsstand gesteckt, aus dem nur der Kopf herausragt.

Das Fell rund um die Hornknospen wird abgeschnitten, dann wird der Enthorner für bis zu 5 Sekunden aufgesetzt.

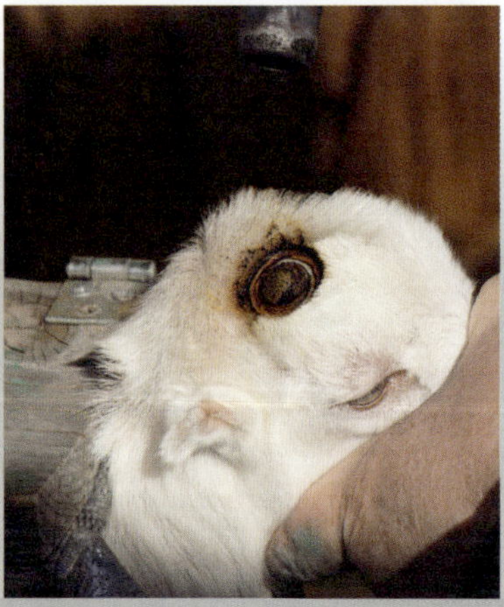

Die Wunde wird mit einem Spray behandelt, bevor das Kitz wieder freigelassen wird.

BÖCKCHEN

Beim neugeborenen Böckchen sind der Processus urethrae und die Eichel des Penis noch bindegewebig mit der Innenseite der Vorhaut verbunden. Mit einsetzender Testosteronbildung (manchmal schon im Alter von wenigen Wochen) beginnen kleine Böcke dann, an Mutter und Schwestern das Decken zu «üben»; oft vollführen sie auch kauernd wiederholte Deckbewegungen «in die Luft». Derlei Aktivitäten helfen, das Bindegewebe zwischen Penisspitze und Vorhaut zu lösen, sodass der Penis ausgefahren werden kann. Ist dies erfolgt, ist der Jungbock wahrscheinlich befruchtungsfähig. Jungziegen zeigen manchmal ein ähnliches Verhalten, doch der Grund dafür ist nicht bekannt.

SPIELVERHALTEN

Ziegenkitze sind sehr aktiv und beginnen schon Stunden nach der Geburt, umherzulaufen und zu springen. In den ersten beiden Lebenswochen wird das Spielverhalten dann immer komplexer (Aufreiten, Kopfstoßen, Klettern) und umfangreicher; es hält bis ins junge Erwachsenenalter an. Jungadulte Tiere haben dann ihren Platz in der Herdenhierarchie etabliert, wobei sie noch so beweglich und aktiv sind wie jüngere Kitze.

Anfangs halten sich Zicklein dicht bei der Mutter und spielen zwar mit Geschwistern, nicht aber mit anderen Jungtieren der Herde. Mit etwa fünf Wochen bilden sie dann «Gangs» mit anderen Kitzen und verbringen mehr Zeit entfernt von der Mutter; sie erkunden die Umgebung, rennen, kämpfen spielerisch, kosten verschiedene Pflanzen und klettern. Nur zum Saugen und Schlafen kehren sie zur Mutter zurück. Böckchen spielen oft ruppiger als Geißlein und versuchen gelegentlich, mit menschlichen Betreuern zu rangeln (siehe S. 110–111).

Unten *Die meisten Geißen gestatten ihren Zicklein mit unendlicher Geduld, auf ihnen herumzuklettern. Manche Muttertiere jedoch stoßen die Zicklein schon beim kleinsten Versuch weg.*

Oben *Kitze sind äußerst aktiv, sie springen, rennen und spielen schon wenige Stunden nach der Geburt. Mit dem Heranwachsen nimmt ihre Aktivität sogar noch zu.*

Lautäußerungen

Die typische Lautäußerung der Ziege ist das Meckern. Ziegen sind insgesamt sehr «gesprächige» Tiere – selbst dösende Ziegen murmeln oft vor sich hin. Einzelne Tiere sind eher still, doch dies sind seltene Ausnahmen.

KOMMUNIKATION

Brünstige Geißen schreien und klagen oft anhaltend und laut, besonders wenn sie von ihrem auserwählten Bock getrennt sind; andere geben nur leise oder gar keine Laute von sich. Einen Tag bis wenige Stunden vor dem Ablammen beginnen Geißen mit tiefen, warmen Lauten mit ihren Ungeborenen zu kommunizieren. Dies führen sie einige Stunden bis einen Tag nach der Geburt fort, dann unterbleibt es wieder.

Kitze beginnen kurz nach der Geburt zu meckern. Die Mutter erkennt sie schon wenige Stunden nach der Geburt am Aussehen und an der Stimme, binnen etwa eines Tages auch ausschließlich an der Stimme. Eine Studie ergab, dass Geißen die Rufe ihrer Kitze noch bis zu 13 Monate nach dem Entwöhnen wiedererkennen. Kitze geben gegenüber Mutter und Geschwistern sanfte Laute von sich, schreien aber laut, wenn man sie hochnimmt, von der Mutter trennt oder sonst wie in Schrecken versetzt. Wenn sie unangenehme Prozeduren über sich ergehen lassen müssen, äußern sie einen hochfrequenten Stresslaut. Manche Kitze geben mehr Laute von sich als andere und äußern diese gegenüber Mutter und Geschwistern, später auch anderen Spielkameraden.

In der Brunst äußern Böcke einen Laut, der wie «wap-wap-wap» klingt. Hinzu kommt ein lauter typischer Ruf, der mit dem Laufschlag (Anheben eines gestreckten Vorderbeins, siehe S. 83) beim Umwerben der Geiß geäußert wird.

Die Ziegen einer Gruppe geben immer wieder ruhige Laute von sich, um Herdenmitglieder zu lokalisieren; mit denselben Lauten begrüßen sie ihre Betreuer – außer zur Fütterungszeit, dann wird der Ton im wahrsten Wortsinne schärfer. Von Artgenossen isolierte Ziegen schreien laut. Und wer einmal Schmerzensschreie einer Ziege gehört hat, wird diese wohl nie mehr vergessen.

Rechts ***Wer im städtischen Raum Ziegen halten will, sollte eine Rasse wählen, die nicht zu lautstark ist.***

Unten links und rechts ***Schweizer Milchziegenrassen entwickeln ein beachtliches Vibrato, während American Pygmys fast brüllen.***

KEINE KLINGT WIE DIE ANDERE

Jede Ziege klingt anders, und wer mit Ziegen arbeitet, erkennt die Tiere einer Herde bald anhand ihrer Stimme. Auch die Rasse hat Einfluss auf die Stimme. Manche Rassen verfügen über ein kräftiges Vibrato, andere (wie Nubier- und Burenziege) haben gar keines. Manche Rassen äußern mehr und schrillere Laute und sind darum für die Haltung im dicht besiedelten Raum ungeeignet.

Eine 2019 an Zwergziegen durchgeführte Studie ergab, dass nicht nur die Genetik eine Rolle spielt, sondern Ziegengruppen auch eine eigene Lautsprache entwickeln. Bei Aufnahmen von Gruppen im Alter von einer Woche waren sich die Laute von Geschwistern am ähnlichsten, wobei in derselben Gruppe gehaltene Halbgeschwister ähnlich klangen. Nach fünf Wochen aber klangen alle Kitze einer Gruppe fast genauso wie andere Kitze in derselben sozialen Gruppe. Die Gruppe hatte einen eigenen Akzent.

ALARMSCHNAUBEN

Ist eine Ziege beunruhigt, steht sie starr mit gestreckten Beinen da, reckt den Kopf mit aufgestellten Ohren hoch und gibt ein besonderes Schnauben von sich, das die Artgenossen vor Gefahr warnen soll.

Der Laut ist einem menschlichen Niesen so ähnlich, dass Ziegen oft erschrecken, wenn ein Mensch in ihrer Nähe niest.

Sind Ziegen klug?

Der Begriff Kognition beschreibt die Fähigkeit eines Menschen oder Tieres, etwas wahrzunehmen, zu lernen, aufmerksam zu sein, Probleme zu lösen und sich an etwas zu erinnern, kurz: zu denken. Sind Ziegen in diesem Sinne klug? O ja. Jeder Ziegenhalter weiß das, und die Wissenschaft sammelt dafür fleißig Belege.

STUDIEN ZU KOGNITION UND GEDÄCHTNIS

Forscher der Londoner Queen Mary University beobachteten 2014 im Rahmen einer Studie zwölf Ziegen verschiedener Rassen dabei, wie sie lernten, sich einen Leckerbissen zu verschaffen. Um an die Belohnung zu kommen, mussten die Tiere mit den Zähnen oder Lippen einen an einem Seil befestigten Hebel herausziehen und ihn dann anheben, sodass das Futter aus einem Spender in eine Schale fallen konnte. Den meisten Tieren gelang dies nach zwölf Versuchen, manche waren sogar noch schneller. Dann wurden die Ziegen 26–33 Tage nach dem ersten Versuch und schließlich noch einmal nach 281–311 Tagen getestet, und alle bedienten den Hebel sofort wieder so, dass sie ihre Belohnung erhielten.

Bei einer anderen Studie zeigte man 20 Ziegen Schwarzweißbilder, die ungefähr nebeneinander auf einem Zaun montiert waren. Jedes Bild zeigte eine fremde Person, die entweder lächelte oder finster dreinsah. In vier Durchgängen näherten sich 51 % der Ziegen

Unten *Eine der zwölf Ziegen bei der Studie der Queen Mary University führt die beiden Schritte der Aufgabe aus, um einen Leckerbissen zu erhalten; dabei wurde sie von Forscherin Elodie Mandel-Briefer fotografiert.*

Futterbox in Seitenansicht

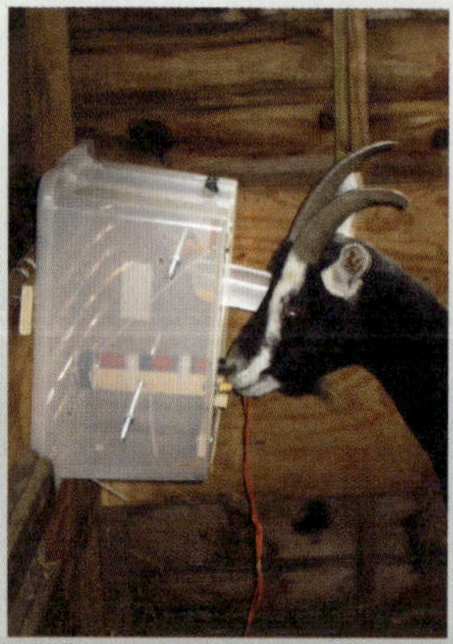

Ziehen des Hebels

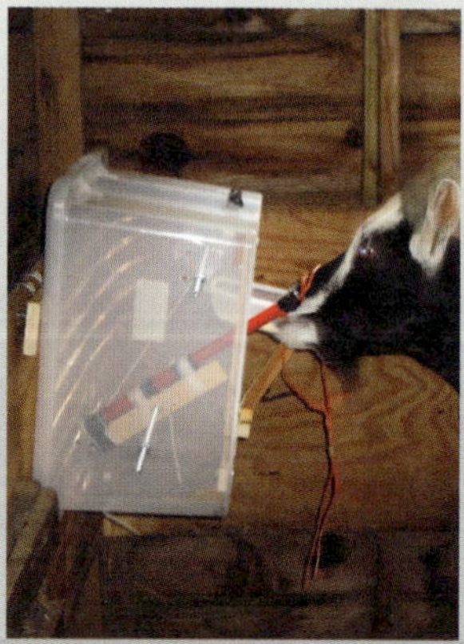

Anheben des Hebels

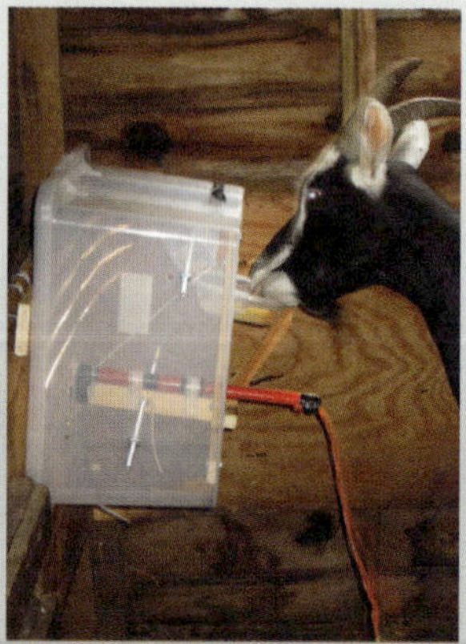

Einnehmen der Belohnung

Oben *Tests wie die im Text beschriebenen belegen zweifelsfrei das Denkvermögen, die Neugier und das gute Gedächtnis von Ziegen.*

zunächst den freundlichen Gesichtern und stupsten diese an, 30 % näherten sich zuerst den finsteren Gesichtern, und 20 % ignorierten sie beide. Das ist insofern bemerkenswert, als bisher nur bei Hunden und Pferden die Fähigkeit, die menschliche Mimik zu interpretieren, wissenschaftlich nachgewiesen worden war.

Im Rahmen einer ähnlichen Untersuchung zeigte man 32 Milchziegen Bilder vertrauter Herdenmitglieder, die positive bzw. negative Empfindungen ausdrückten. Die Ziegen betrachteten die Bilder mit negativer Mimik länger und aufmerksamer als jene mit positiver, zeigten also mehr Interesse an diesen, vielleicht weil sie diese als bedrohlich oder störend empfanden.

MENSCHLICHER HELFER

Manche Studien gaben auch interessante Einblicke darin, wie Ziegen beim Erfüllen von Aufgaben auf menschliche Hilfe zurückgreifen. Bei einem Beispiel brachten Forscher 34 Ziegen bei, den Deckel einer transparenten Kunststoffbox anzuheben, um einen Leckerbissen zu erhalten. Dann verschlossen sie den Deckel fest, sodass die Ziegen das Futter sehen, aber nicht erreichen konnten. Die meisten Ziegen untersuchten die Box und blickten dann wiederholt abwechselnd einen danebenstehenden Forscher sowie die Box an, so als würden sie um Hilfe bitten. Wandten die Forscher ihnen den Rücken zu, blickten die Ziegen sie nicht so lange oder oft an. Bei einer anderen Studie lernten Ziegen rasch, hinter einer Barriere einen Leckerbissen zu finden, nachdem sie zuvor einen Menschen dabei beobachtet hatten. (Mehr zu den genannten Studien auf S. 218.)

ZIEGE VERSUS SCHAF

Im Jahr 2013 untersuchten Forscher in einer Studie das Kurzzeitgedächtnis und Denkvermögen von sechs Ostfriesischen Milchschafen und zwölf Nigerian-Dwarf-Ziegen. Die Forscher versteckten einen Leckerbissen unter einer von zwei Schüsseln und ließen die Tiere dann wählen, welche Schüssel das Futter enthielt. Die Ziegen waren den Schafen stets überlegen. (Mehr zum Vergleich von Schaf und Ziege auf S. 64–65.)

KAPITEL 4

Haltung & Pflege

Klauenpflege

Wildziegen nutzen ihre Klauen ab, indem sie auf Felsen umherklettern. Denselben Effekt hat es, wenn man Hausziegen auf hartem oder steinigem Untergrund laufen lässt. Die meisten Hausziegen brauchen jedoch eine gezielte Klauenpflege. Wie oft diese vorgenommen werden muss, hängt von den Umständen ab, doch selbst Ziegen, die auf felsigem Gelände leben, brauchen mehrmals jährlich Pflegemaßnahmen. Bei manchen Tieren sind diese gar alle acht Wochen vonnöten.

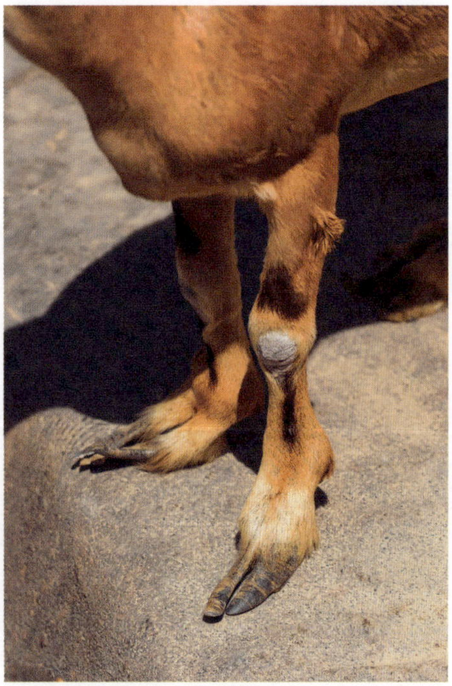

Oben *Ohne gesunde, feste und wohlgeformte Klauen kann eine Ziege nicht auf die Weide gehen und nicht klettern, und sie ist anfälliger für Klauenkrankheiten.*

ÜBERLANGE KLAUEN

Zu lang gewachsenes Wandhorn (wie im Foto links) wächst flach nach vorn und rollt sich an der Unterseite ein, was den paarigen Huf deformiert und die Ziege stark behindert.

KLAUENSCHNITT

Die Klauen werden am besten an der stehenden Ziege geschnitten, sodass man jeweils das Bein anhebt, an dem man arbeitet. Die Tiere können lernen, dabei ruhig stehen zu bleiben und sich nicht an den Hufpfleger zu lehnen. Bei besonders harten Klauen empfiehlt sich die Pflege nach ergiebigem Regen.

Zu lange Klauen fallen sofort auf, denn das Wandhorn ist nach vorne und seitlich gespreizt, und das Horngewebe rollt sich an den Rändern ein.

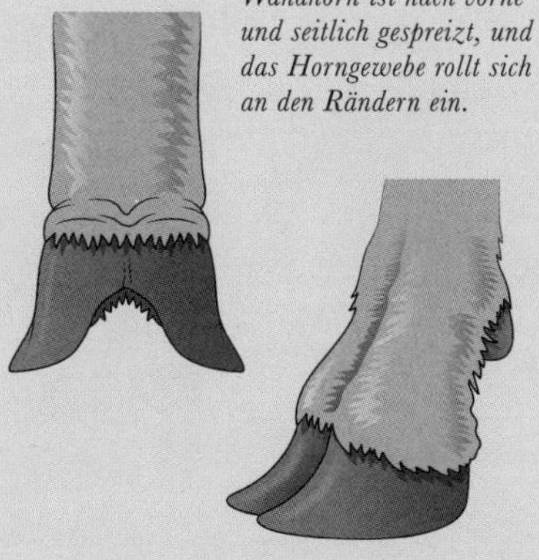

1

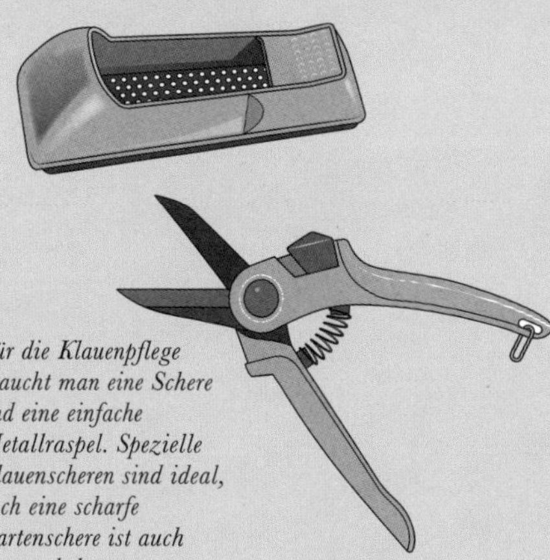

Für die Klauenpflege braucht man eine Schere und eine einfache Metallraspel. Spezielle Klauenscheren sind ideal, doch eine scharfe Gartenschere ist auch akzeptabel.

2

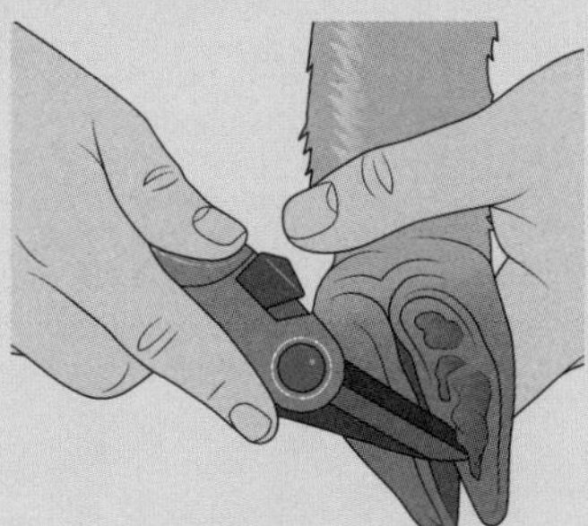

Zunächst entfernt man mit der Spitze der geschlossenen Schere sämtlichen Schmutz an der Klauenunterseite.

3

Das Wandhorn muss bis auf Höhe der Klauensohle zurückgeschnitten werden, sodass der untere Rand der Klaue etwa parallel zum Kronsaum verläuft (s. S. 46). Dies lässt sich gut anhand der parallelen Wachstumsringe im Wandhorn beurteilen.

4

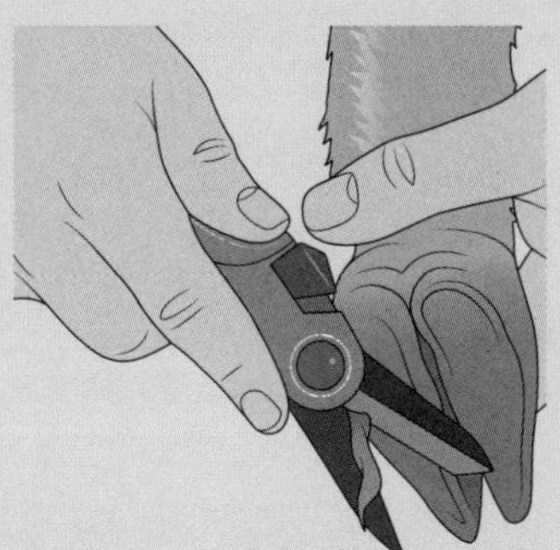

Entfernen Sie sämtliches überschüssiges Horngewebe an beiden Zehen bis auf Höhe von Sohle und Ballen, auch raue Überstände. Manchmal ist nur ein kleiner Nachschnitt nötig.

5

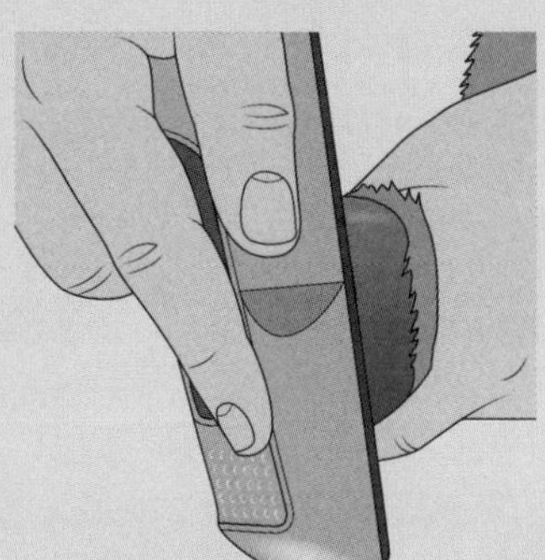

Zum Schluss wird mit der Raspel alles nochmals eben und glatt gemacht. Wenn die Sohle leicht rosa erscheint, hören Sie auf, um Blutungen zu vermeiden.

6

Geburten

Nach etwa fünfmonatiger Tragzeit (142–155 Tage) werden die Kitze geboren. Die Geiß braucht dabei zwar nicht unbedingt Hilfe, doch für den Fall der Fälle sollte man grundsätzlich über Trächtigkeit und Geburt (Ablammen) Bescheid wissen.

ANZEICHEN DER NAHENDEN GEBURT

1. Bei Erstgebärenden füllt sich das Euter etwa einen Monat vor dem Ablammen; bei Geißen, die schon eine oder mehrere Geburten hinter sich haben, erfolgt dies irgendwann im Zeitraum von mehreren Wochen bis kurz vor der Geburt. Unmittelbar vor dem Ablammen ist das Euter bei den meisten Geißen prall gefüllt und glänzend, mit leicht ausgestellten Zitzen.

2. Die breiten Beckenbänder auf der Kruppe verlaufen beiderseits vom Kreuzbein oberhalb des Hüftgelenks über das Becken zum Sitzbeinhöcker am Hinterteil. Man findet sie, indem man mit der Hand entlang der Wirbelsäule beziehungsweise wenige Zentimeter neben dieser entlangstreicht. Die ansonsten sehr straffen Bänder erschlaffen vor der Geburt nach und nach unter der Einwirkung des Hormons Relaxin. Sind sie nicht mehr zu fühlen, ist innerhalb von 24 Stunden mit der Geburt zu rechnen.

3. Relaxin bewirkt auch, dass das Hinterteil sich mit nahender Geburt aufrichtet; der hintere Wirbelsäulenabschnitt scheint einzusinken und die Schwanzwurzel scheint sich aufzurichten. Etwa 12 Stunden vor dem Ablammen kann man die Wirbelsäule auf Höhe der Schwanzwurzel mit Daumen und Zeigefinger fast komplett umfassen.

4. Der Damm (Perineum), also der unbehaarte Bereich um die Vulva, wölbt sich im letzten Trächtigkeitsmonat manchmal vor. Etwa 24 Stunden vor der Geburt lässt die Schwellung nach, und die Vulva wird länger, flacher und schlaffer.

5. Mit beginnender Eröffnung des Muttermunds verflüssigt sich der dort sitzende Schleimpfropf, und Schleim tritt aus der Vulva aus. Dieser variiert von klar und dünnflüssig bis zu dick und bernsteinfarben. Das geschieht Tage oder Stunden vor der Geburt.

Oben *Zwar bekommen Geißen manchmal scheinbar ohne Vorwarnung ihre Zicklein, doch gibt es zahlreiche Anzeichen einer nahenden Geburt.*

AUFWEITUNGSPHASE

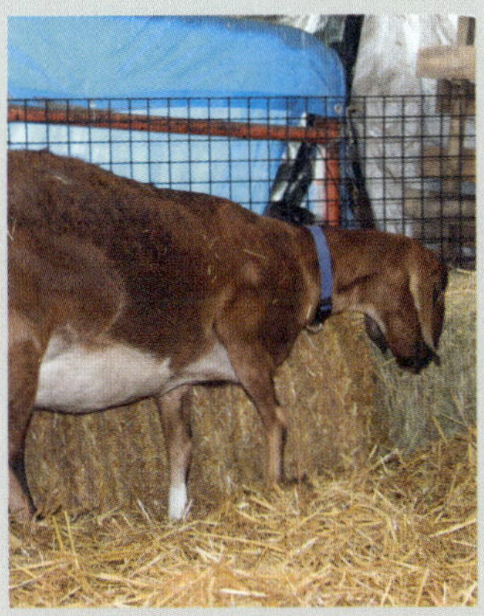
Scharren einer Nestmulde

frühe Wehen (gestreckte Ohren)

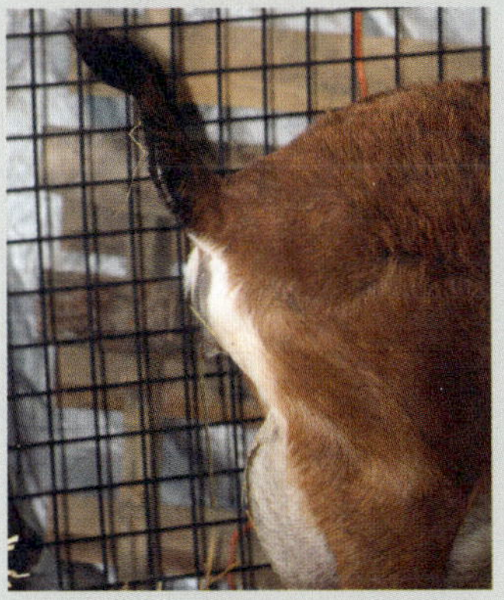
zäher Schleim tritt aus

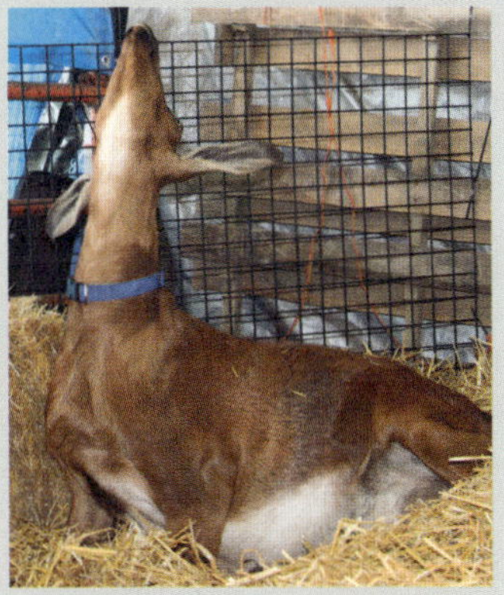
erste heftige Wehen

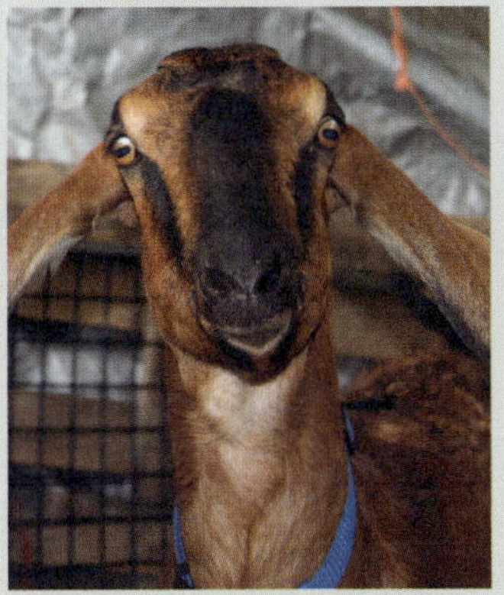
Ohrstellung zeigt Schmerzen und Stress an

Blick in Richtung der Flanken

Während der Aufweitungsphase der Geburt erlauben die noch milden Wehen der Geiß, kurz zu pausieren, sich zu strecken und den Schwanz zu heben. Außerdem kann sie:

- Nestbauverhalten zeigen, indem sie eine Mulde in die Einstreu scharrt, sich hinlegt, wieder aufsteht, kreist, scharrt und das Ganze mehrfach wiederholt,
- suchend umherlaufen und dabei sanft murmelnde Laute äußern,
- mit den Hinterbeinen schwanken, weil hormonelle Veränderungen ihre Beckenbänder erweichen und den Gang beeinträchtigen,
- gähnen und sich strecken; Strecken hilft dabei, die Zicklein in die richtige Geburtslage zu bringen,
- sich von der Herde absondern, um – manchmal mit ihrer Mutter, Schwester oder einer befreundeten Ziege als Gesellschaft – einen Platz für die Geburt zu suchen,
- ausdruckslos in die Ferne blicken,
- hecheln,
- mit den Zähnen knirschen,
- auf ihre Flanken blicken oder in diese beißen,
- besonders anhänglich oder distanziert werden.

AUSTREIBUNGSPHASE

Binnen 12–36 Stunden nach den ersten Anzeichen der Geburt beginnt die Austreibungsphase. Die Geiß legt sich auf die Seite, sobald eine Wehe einsetzt. Diese lässt sie über sich ergehen, um sich dann aufzurichten und eine angenehmere Position zu finden. Zwischen den Wehen ruht sie vielleicht in Brustlage, meist aber bleibt sie flach liegen. Einige Ziegen allerdings gebären im Stehen oder Kauern.

Innerhalb von 30 Minuten erscheint die flüssigkeitsgefüllte Zottenhaut (Chorion), eine von zwei separaten Fruchthüllen, die den heranwachsenden Fötus im Mutterleib umgeben; die zweite, innere Haut ist die Schafhaut (Amnion). Die Häute können einzeln oder beide noch im Mutterleib oder außerhalb während der Geburt reißen.

Bei einer normalen Geburt in Vorderendlage erscheint ein Fuß mit oder ohne Fruchthülle in der Vulva, dann ein zweiter, dann die fest auf die Vorderbeine gedrückte Nase. Ist der Kopf erst einmal entwickelt, folgt der Rest des Kitzes sehr rasch.

Bei einer normalen Geburt in Hinterendlage erscheinen zunächst zwei Füße, gefolgt von den Sprunggelenken. Da die Nabelschnur bei solchen Geburten gegen die Beckenkante gedrückt wird, ist es ratsam, dem Kitz sanft auf die Welt zu helfen, bis sein Becken erscheint. Ansonsten sind dies normale Geburten, die selten Hilfe erfordern.

Hilfe wird jedoch gebraucht, wenn die Kitze im Mutterleib in abnormer Lage liegen (Steißlage, Seitenlage oder sich gegenseitig behindernde Zwillinge). Erfahrene Geburts-

LAGEN BEI DER GEBURT

Die meisten Geburten laufen problemlos ab, doch sollte man die Telefonnummer des Tierarztes zur Hand haben oder sich über Probleme bei der Geburt und deren Behebung vorher informieren.

Unten *Sind die Klauen beider Vorderhufe und die Nase zu sehen, können Sie entspannen – wenn das Kitz nicht feststeckt, ist zu diesem Zeitpunkt das Schlimmste überstanden.*

DIE FRUCHTHÜLLE ERSCHEINT

Etwa 30 Min. nach Beginn der Austreibungsphase erscheint die Fruchthülle.

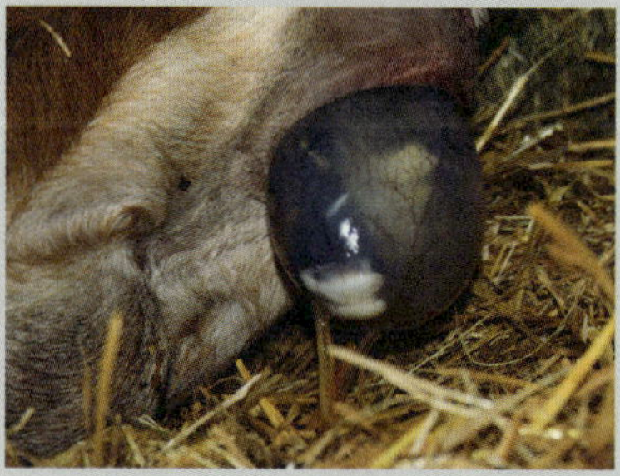

Ein erster Fuß ist in der Hülle sichtbar und deutet auf eine Vorderendlage hin.

Der Rest des Zickleins folgt nach, immer noch in der Fruchthülle.

helfer können diese Probleme oft schnell beheben, oder man ruft den Tierarzt.

Aufgrund anatomischer Unterschiede kann man ein Zicklein nicht so kraftvoll herausziehen, wie Landwirte es mit einem Kalb machen; zudem ist es sehr wichtig, reichlich Gleitmittel zu verwenden. Der Geburtshelfer zieht nur dann, wenn die Geiß gerade eine Wehe hat, und zwar nach außen unten in Richtung auf deren Sprunggelenke.

NACHGEBURTSPHASE

Ziegen-Geburtshelfer entfernen meist schnell die Flüssigkeit aus den Nüstern des Kitzes, indem sie mit den Fingern beidseits des Gesichts nach unten streichen; dann legen sie das Kleine vor die Mutter. Diese wird sofort beginnen, es abzulecken und zu beschnüffeln, sodass sich die Mutter-Kind-Bindung aufbaut. Später entfernt sich die Geiß vielleicht etwas, um ein zweites Kitz zu gebären. Das ist ganz normal. Nach der Geburt des zweiten Kitzes platziert der Helfer beide vor der Mutter, um die Bindung weiter zu fördern.

Sind alle Kitze geboren, tritt die Plazenta (Nachgeburt, Mutterkuchen) wie ein flüssigkeitsgefüllter, an einer Schnur baumelnder Sack aus der Vulva. Dies kann bis zu 12 Stunden beanspruchen, meist aber geschieht es innerhalb von ein bis zwei Stunden. Ist die Nachgeburt auch nach 12 Stunden noch nicht abgegangen, braucht es die Hilfe des Tierarztes; unbedachtes Ziehen an herausschauenden Plazentateilen kann einen Gebärmuttervorfall verursachen! Die Zahl der Plazenten entspricht nicht immer der Zahl der Kitze.

Eine mäßige Blutung während der Geburt und bis zu etwa eine Woche danach ist normal; damit reinigt sich die Gebärmutter (Uterus) sozusagen selbst.

HANDAUFZUCHT

Kränkliche Kitze werden von der Mutter oft abgelehnt, müssen also von Hand aufgezogen werden. Das Tränken sollte wegen der Funktion der Magenrinne beim Kitz (S. 39 und 89) mit der Flasche erfolgen. Neugeborene Kitze suchen zudem an dunklen, haarlosen Stellen (wie der Brust- oder Lendengegend der Geiß) nach Milch, daher hilft es, ihnen die Augen abzudecken, wenn man ihnen das Trinken aus der Flasche beibringt.

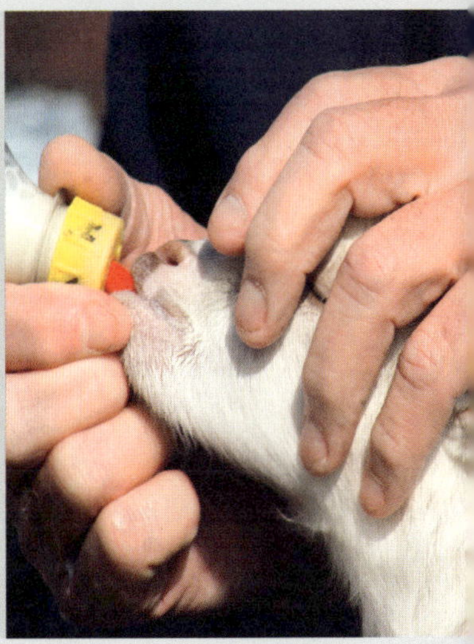

Unten *Das erste Kitz sollte innerhalb 1 Std. nach Beginn der Austreibungsphase geboren werden, ein zweites folgt meist etwa 30 Min. später. 1–2 Std. nach Geburt des letzten Kitzes geht meist die Nachgeburt (Plazenta) ab; manchmal dauert dies allerdings viel länger. Oft gibt es mehrere Plazenten.*

GEBURT UND NACHGEBURT

Das erste Kitz ist geboren und wird von der Mutter abgeleckt.

Etwa 30 Min. nach dem ersten kommt ein zweites Kitz zur Welt.

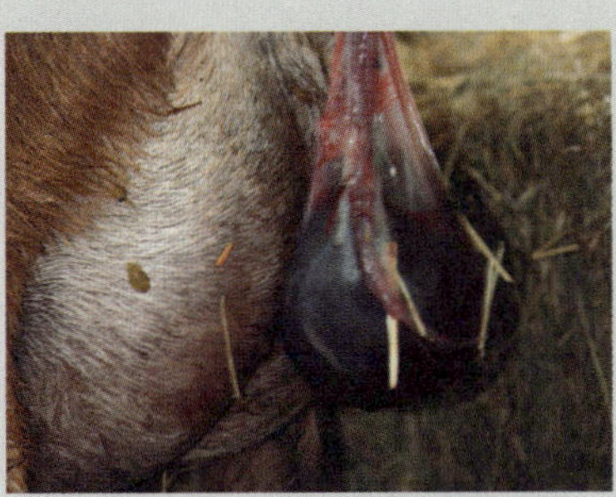

Die Plazenta geht etwa 1 Std. nach Geburt des zweiten Kitzes ab.

Häufige Krankheiten

Ziegen sind normalerweise zäh, doch sie brauchen Pflege, um gesund zu bleiben. Böcke müssen richtig gefüttert werden, damit sie keine Harnsteine entwickeln, und alle Ziegen profitieren von mineralischen Futterzusätzen. Magen- und Darmparasiten stellen überall ein Problem dar.

HARNSTEINE

Eines der ernstesten Gesundheitsprobleme des Ziegenbocks sind Harnsteine (im Kleinformat auch Harngrieß genannt), die in der Harnröhre stecken bleiben. Harnsteine entstehen, wenn aufgrund des pH-Werts des Urins bestimmte Mineralien auskristallisieren und so mit der Zeit immer größere «Steine» bilden. Derlei passiert, wenn Milchziegen Getreide bekommen, um die Milchproduktion zu steigern, und die Böcke dieselben Rationen erhalten, wenn Ziegen von Hobbyhaltern aus Unwissenheit zu getreidereich gefüttert werden oder wenn Tiere für Schauen oder zur Fleischgewinnung durch gezielte Fütterung schnell Gewicht zulegen sollen.

Unten *Harnsteine können auch bei Ziegen entstehen, die sich auf natürliche Weise von Gras und Kräutern ernähren, doch passiert dies nur selten. Meist bilden sie sich infolge der Fütterung mit zu viel (oft phosphorreichem, aber kalziumarmem) Getreide.*

Links *Harnsteine können zum Problem werden, wenn man Fleischziegenböcke und -mönche (besonders, wenn diese früh kastriert wurden) mit getreidereichem Futter mästet.*

MÄNNLICHE ANATOMIE

Steine können sich auch im weiblichen Harntrakt bilden, doch sie passieren diesen leicht und verursachen nur selten Probleme. Der männliche Harntrakt dagegen ist komplizierter. Der Penis des Bocks ist s-förmig geschwungen (Flexura sigmoidea), und die Harnröhre ragt als kurzer, dünner Fortsatz (Processus urethrae) 2–3 cm aus seiner Spitze heraus (siehe Abb. S. 81). Hier können Harnsteine hängen bleiben und so Harnstau, Harnvergiftung des Blutes (Urämie) und womöglich gar eine Harnblasenruptur und den Tod verursachen.

Erste Anzeichen sind unter anderem schmerzhaftes und tröpfelndes Urinieren sowie Schmerzen im Bauchraum (erkennbar an der starren, sägebockartigen Haltung, Treten gegen den Bauch und Zucken des Schwanzes). Später kommen Appetitlosigkeit, Lethargie, Schmerzlaute und eine Schwellung um die Vorhaut (Präputium) sowie Kristalle im Fell rund um deren Öffnung hinzu.

Ist die Harnröhre gerissen, füllt sich die Bauchhöhle mit Harn. Im Endstadium liegt der Bock am Boden und steht nicht mehr auf. Letztlich stirbt er unter Krämpfen.

VORBEUGEN IST BESSER ALS BEHANDELN

Bevor es zur Operation kommt, sollte man lieber vorbeugen.

- Geben Sie Futter mit einem Verhältnis von 2 Teilen Kalzium zu 1 Teil Phosphor. Bei Getreidefütterung nur Mischungen für Schafe oder Ziegen wählen, nie solche für andere Tierarten.
- Werden Böcke getreidereich ernährt, kann man das Futter mit 2–5 %Salz anreichern, um die Harnausscheidung zu fördern (und eine Harnkonzentration zu vermeiden).
- Auch Ammoniumchlorid ist ein nützlicher Futterzusatz, der in Mischungen für Ziegen bereits enthalten ist. Es macht Mineralkristalle im Harntrakt löslicher.
- Austrocknung fördert die Steinbildung, also stellen Sie stets sauberes, schmackhaftes Wasser zur Verfügung.
- Der Penis des Ziegenbocks entwickelt sich nach der Kastration nicht zur weiteren Reife, doch Steine können einen voll ausgewachsenen Penis leichter passieren. In den USA empfehlen Tierärzte deshalb meist, Böcke so spät wie möglich zu kastrieren.

Oben *Automatische Tränken bieten freien Zugang zu sauberem Wasser.*

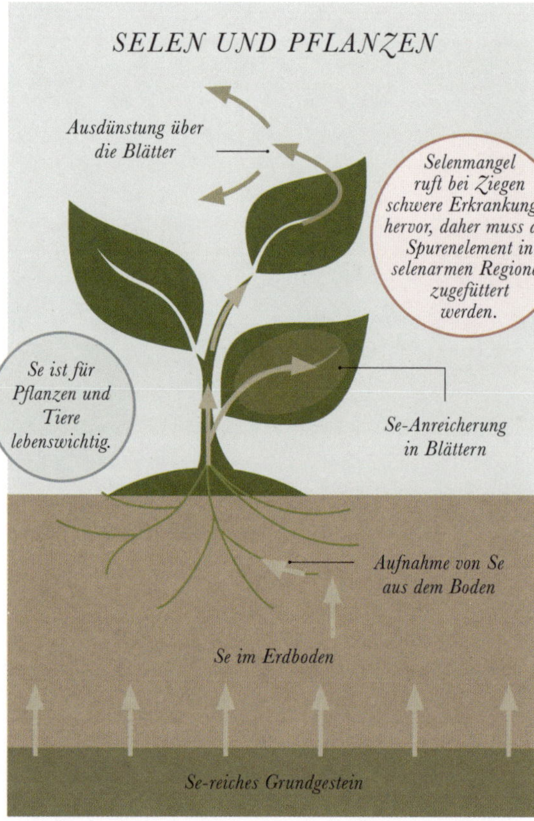

MINERALVERSORGUNG

Ziegen sollte man stets Mineralien zufüttern oder ihnen Lecksteine zur Verfügung stellen, damit sie auch dann genügend Mineralien bzw. Spurenelemente erhalten, wenn diese dort, wo sie grasen bzw. ihr Futter angebaut wurde, kaum oder gar nicht vorkommen. Dies variiert von Ort zu Ort. Besonders wichtig sind Kobalt (Mangel führt zu Appetitlosigkeit, Auszehrung, Schwäche, Anämie sowie verringerter Milchleistung), Kupfer (bei Mangel kommt es zu Anämie, struppig-stumpfem oder aufgehelltem Fell, Durchfall, Gewichtsverlust und Muskelabbau) und vor allem Selen (chemisches Kürzel: Se).

Die Böden in Deutschland, der Schweiz und Österreich sind relativ, teils sogar ausgesprochen selenarm. Dasselbe gilt beispielsweise für Teile Großbritanniens, Finnlands und des Balkans; besser versorgt sind dagegen Dänemark und die Niederlande.

Ziegen mit schwerem Selenmangel entwickeln die sogenannte Weißmuskelkrankheit (*white muscle disease*, WMD), weitere Symptome können unter anderem schlechte Fruchtbarkeit, Fehlgeburten, Plazentaverhaltung oder schwach entwickelte Kitze sein. Mit WMD geborene Kitze sind schwach, manchmal zu schwach, um zu trinken oder zu stehen. Sie können mit Selen-Injektionen behandelt werden, doch besser ist es, im Vorfeld durch die richtige Fütterung Selenmangel bei den Adulttieren vorzubeugen. Trächtige Geißen sollten mit Selen-Zusätzen gefüttert werden; etwa einen Monat vor dem Ablammen kann man zusätzlich Injektionen mit Vitamin E und Selen verabreichen lassen.

Oben links *Ziegen brauchen spezielle Mineralien und Spurenelemente. Diese kann man lose als Futter oder als wetterbeständigen Leckstein anbieten.*

Oben rechts *Das Spurenelement Selen ist für Menschen wie Tiere unerlässlich; Pflanzen stellen die Hauptquelle in der Ernährung dar. Sie nehmen über ihre Wurzeln Selen aus dem Boden auf und dünsten es über die Blätter wieder aus.*

FADENWÜRMER

Ein starker Befall mit Fadenwürmern (Nematoden) schwächt die Ziege und kann sogar tödlich enden. Es gibt verschiedene Arten von Fadenwürmern; eine Art, die weltweit Ziegen befällt, ist der Rote Magenwurm *(Haemonchus contortus)*. Man findet ihn in Ziegenbeständen auf der ganzen Welt, von kalten Bergregionen bis in die Tropen. Dabei ist er in warmfeuchten Regionen stärker vertreten als in kalten und trockenen.

Der Rote Magenwurm ist etwa 18–30 mm lang und lebt im Labmagen (siehe S. 38), wo er Blut saugt. Mit der Zeit bewirkt er so eine Anämie und fortschreitenden Gewichtsverlust. Die Würmer sind durchscheinend und mit Blut gefüllt, daher erscheinen sie rot. Die weißen Ovarien der Weibchen sind spiralförmig um den rot erscheinenden Darm gewickelt, daher auch der deutsche Name «Gedrehter Magenwurm».

Bei Verdacht auf eine Infektion sollten Sie eine Kotprobe zum Tierarzt bringen; dieser kann dann feststellen, ob Eier vom Roten Magenwurm, Leberegeln, Lungenwürmern oder anderen vorliegen. Ein wichtiges Indiz ist die Prüfung der Ziegen auf Anämie (Blutarmut), indem man ihre Schleimhäute untersucht. Zieht man vorsichtig das untere Augenlid nach außen, kann man die Schleimhaut des Innenlids betrachten; diese sollte kräftig rosa sein. Ist sie bereits porzellanweiß, liegt eine lebensbedrohliche Anämie vor, die dringend der Behandlung bedarf.

Der Rote Magenwurm und andere Fadenwürmer zeigen zunehmend Resistenzen gegen die üblichen Entwurmungsmittel (Anthelminthika), darum ist es wichtig, sich genau an die Dosierungsanleitung zu halten.

LEBENSZYKLUS

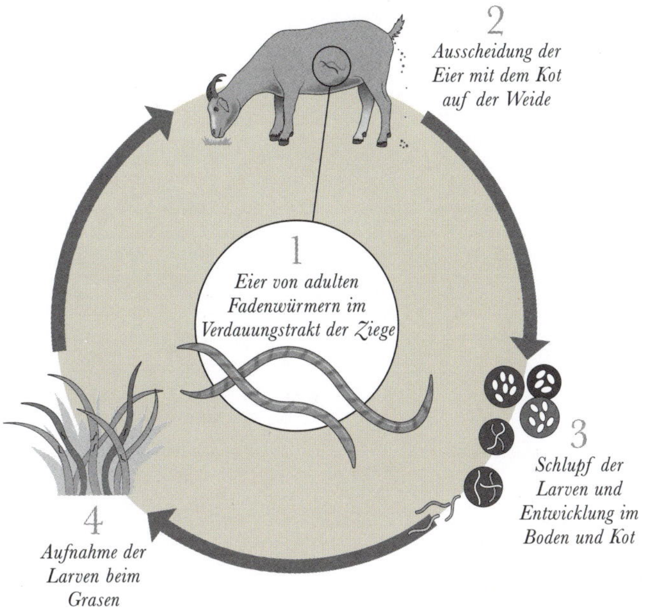

Oben *Ziegen nehmen die Larven des Roten Magenwurms beim Grasen auf und scheiden dessen Eier mit dem Kot aus; damit sind sie Teil von dessen Lebenszyklus. Es ist daher wichtig, Ziegen mit dem richtigen Mittel zu entwurmen, um die Zahl der Würmer und den von ihnen angerichteten Schaden gering zu halten.*

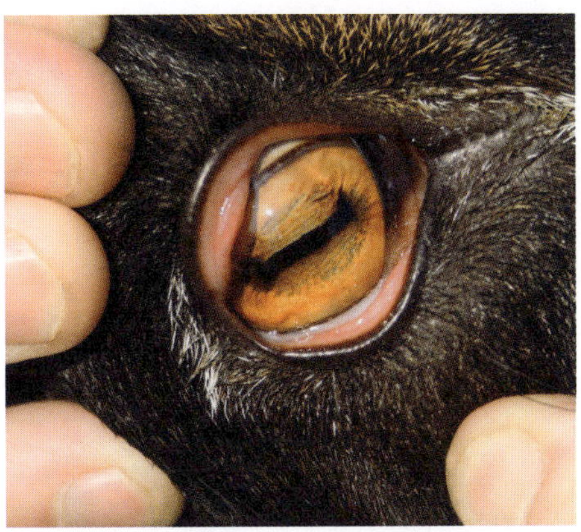

Links *Der Farbton der Bindehaut am Unterlid gibt Auskunft darüber, ob das Tier eine (z. B. durch den Roten Magenwurm verursachte) Anämie hat. Die Schleimhaut sollte kräftig rosa sein.*

Gefahren durch Raubtiere

Ziegen sind für Raubtiere leichte Beute. Sie sind relativ wehrlos (auch gehörnte Ziegen sind ausgesprochene Fluchttiere, die sich eher nicht verteidigen). Bei dem Begriff Raubtiere denkt man zuerst an Bären, Löwen, Tiger oder den sich in Mitteleuropa derzeit wieder ausbreitenden Wolf. Die weltweit meisten Risse von Ziegen aber gehen auf das Konto von Hunden – oft verwilderten Exemplaren, meist aber normalen Haushunden.

FREI LAUFENDE HUNDE – EINE BEDROHUNG

Eine australische Studie untersuchte vor Kurzem 1400 Hunde, die Nutztiere angegriffen hatten, und ermittelte, dass die meisten davon Hausgenossen des Menschen waren – Hunde im Alter von 3 Monaten bis 12 Jahren, Rassehunde ebenso wie Mischlinge. Selbst Hunde, die auf fehlende Angriffslust gegenüber anderen Tieren gezüchteten Rassen angehörten, konnten offenbar nicht widerstehen, Nutztiere zu attackieren. Die Studie ergab auch, dass Hunde keineswegs immer im Rudel angreifen; fast alle registrierten Angriffe waren von Einzelhunden oder zu zweit erfolgt.

Ziegen, Schafe und Geflügel sind die häufigsten Opfer von Hunden. Sie fliehen, wenn Hunde angreifen, und genau das befeuert noch das Jagdverhalten. Hunde jagen zum Vergnügen und überwinden auch Zäune, um ihr Ziel zu erreichen. Andere Raubtiere töten meist alle paar Tage ein Tier, um es zu fressen; Hunde dagegen können mehrere Tiere in einer einzigen Nacht töten. Oft verfolgen sie eine ganze Herde mit großer Geschwindigkeit, und sie gehen Ziegen meist an die Hinterbeine oder das Hinterteil, aber auch an die Ohren und das Gesicht; sie reißen oft die Haut ab und verstümmeln ihre Beute, ohne sie ganz zu töten. Die Ziegen sterben oft später an den Verletzungen oder an Erschöpfung, und trächtige Geißen verlieren oft ihre Kitze.

Unten ***Ziegen, die in weitem, offenem Gelände gehalten werden (wie hier im australischen Outback), sind durch angreifende Hunde gefährdet.***

Oben links *Herdenschutzhunde können Angriffen von großen Raubtieren oder Rudeln von Hunden oder Kojoten besser standhalten als Lamas.*

Oben rechts *Am besten trifft man mehrere Schutzmaßnahmen gegen Raubtiere; Zäune spielen dabei eine wichtige Rolle.*

SCHUTZMASSNAHMEN

Frei umherstreifende Hunde, ob verwildert oder nicht, gibt es meist dort, wo auch Ziegen gehalten werden. Ziegenhalter müssen also zum Schutz stets Sicherungsmaßnahmen ergreifen, und das fängt mit einem guten Zaun an.

Angepflockte Ziegen sind Hunden und anderen Raubtieren schutzlos ausgeliefert, daher ist es am besten, sie niemals anzupflocken oder, falls nötig, zumindest in Sicht- und Hörweite. Wenn die Ziegen an wechselnden Stellen grasen sollen, ist ein mobiler Elektrozaun besser als das Anpflocken; der Elektrozaun hält die Ziegen drinnen und wehrt Hunde etwas ab.

Die meisten Hundeangriffe erfolgen nachts oder frühmorgens, darum sollte man Ziegen über Nacht in sicheren Pferchen oder Ställen einschließen. Eine Beleuchtung mit Bewegungsmelder im oder am Stall ist ebenfalls hilfreich.

Links *Anatolische Hirtenhunde stammen ursprünglich aus der Türkei.*

HERDENSCHUTZHUNDE

Äußerst wirksam ist die Anschaffung von Herdenschutztieren. Mancherorts kommen hierfür Lamas oder Esel zum Einsatz, weltweit verwendet man aber vor allem Herdenschutzhunde. Diese großen, starken Hunde sind meist extra für diese Aufgabe gezüchtet worden: Sie entwickeln eine Bindung an die Herdentiere und beschützen sie vor Angreifern. Solche Hunde müssen jedoch gemeinsam mit den Ziegen aufwachsen; es könnte sonst Probleme geben, wenn ein Hund die ihm anvertrauten Ziegen nicht als seine Familie betrachtet.

Bekannte Rassen der in West- und Osteuropa vor allem zum Schutz vor Wölfen entwickelten Herdenschutzhunde sind:

- Pyrenäen-Berghund und Pyrenäen-Mastiff (Frankreich und Spanien)
- Maremmenhund (Italien)
- Kuvasz und Komondor (Ungarn)
- Karakachan-Hund (Bulgarien)
- Tatra (Polen)
- Gampr (Armenien)
- Akbash, Anatolischer Hirtenhund, Kangal (Türkei)

Auch Mischlinge dieser Schutzhunderassen finden oft Verwendung.

Aggressives Verhalten

Praktisch jeder Ziegenhalter hat bei seinen Tieren schon aggressives Verhalten erlebt. Dazu kommt es, weil die Ziege das Bedürfnis hat, ihren Platz in der Herdenhierarchie zu festigen. Oft richtet sich die Aggression gegen Pfleger, in denen aggressive Ziegen rangniedere Herdenmitglieder sehen. Meist sind es Böcke, die sich – besonders in der Brunst (siehe S. 80) – aggressiv zeigen.

ANZEICHEN

Aggression beginnt oft schon früh, etwa wenn man Kitzen erlaubt, zu stoßen oder auf einen zu springen, weil es so niedlich ist – allerdings nicht mehr, wenn die Ziege 90 kg wiegt. Erste Anzeichen echter Aggression zeigen sich häufig im Alter von 1–2 Jahren, wenn sich die Tiere ihren Platz in der Herden-Rangordnung erobern. Sie ignorieren den Halter, drängeln sich vor das Gatter, durch das er gerade kommt, oder werden bei der Fütterung aufdringlich. Werden diese Verhaltensweisen nicht korrigiert (schimpfen allein genügt nicht), setzt sich die Ziege womöglich als Nächstes mit hochgerecktem, nach vorn geneigtem Kopf in Positur; mit dieser Haltung werden auch Artgenossen herausgefordert. In dieser Positur kommt das Tier dann näher und stellt sich schließlich seitlich quer vor den Menschen – ein Verhalten, das sich keine andere Ziege von einem rangniederen Tier bieten lassen würde.

Im Folgenden wird die Ziege den Menschen handfest herausfordern, indem sie sich auf die Hinterbeine stellt und dann herabstößt, wobei sie den Menschen «zufällig» trifft oder herausfordernd den Kopf schwenkt. Schließlich wird sie beißen, mit den Hörnern hakeln oder stoßen.

Oben *Auch wenn «Kopfstoßen» mit Jungziegen lustig erscheint, sollte man sich auf solch aggressives Spiel nie einlassen.*

Rechts *Ziegen fordern Menschen genauso heraus wie Artgenossen. Sobald sie drängeln, schubsen, stoßen, beißen oder sich aufrecht mit den Vorderbeinen an Ihre Brust stellen, müssen sie in die Schranken gewiesen werden.*

FÜTTERUNGSZEIT

Ist am Futtertrog oder an der Tränke wenig Platz, lassen ranghohe Ziegen die rangniederen manchmal nicht heran. Mehrere Futterstellen und Tränken mit genug Platz pro Kopf sind also nötig, damit alle Herdenmitglieder zur gleichen Zeit versorgt werden können.

Rechts *Ziegen hassen es, nass zu werden. Ein Spritzer ins Gesicht ist eine wirksame und dabei harmlose Möglichkeit, aufdringliche Tiere zurechtzuweisen.*

AGGRESSIVE ZIEGEN UND KINDER

Ziegen, die niemals Erwachsene herausfordern, stoßen oder schubsen manchmal kleine Kinder, wohl weil sie diese als rangniedere Herdenmitglieder betrachten. Kleinkinder haben darum in Ziegenpferchen nichts zu suchen, oder man gibt ihnen etwas, um ihren Status zu heben. Eine Spritzflasche funktioniert meist gut, ebenso das laute Tröten einer Druckluftfanfare, aber bitte nur, wenn das Kind bedrängt wird.

DER MENSCH ALS «RANGHOHE ZIEGE»

Die Lösung: Der Mensch muss von vornherein seine Überlegenheit zeigen. Springt ein Kitz an Ihnen hoch, setzen Sie es wieder auf den Boden. Drücken Sie dabei nicht gegen seine Stirn, denn das ermuntert es zurückzudrücken. Man kann eine Ziege auch zur Geduld erziehen, indem man sie anbindet und dann bürstet oder ihr die Klauen pflegt. Die Ziegen müssen Ihnen zudem Platz machen, wenn Sie die Weide oder den Pferch betreten, auch wenn Sie Futter bringen. Ziegen hassen es, nass zu sein, daher kann man seinen Ansprüchen gut mit einer Wasserpistole oder Sprühflasche Nachdruck verleihen. Wenn Sie von einem aggressiven Bock in die Ecke gedrängt wurden, packen Sie ihn am Bart und führen Sie ihn so an eine Stelle, wo Sie ihn gefahrlos loslassen können.

Unbelehrbare Ziegen, die im Umgang gefährlich sind, sollte man umwerfen. Dazu sollte die Ziege ein Halsband oder Halfter tragen. Halten Sie sie mit einer Hand am Halsband, lehnen Sie sich über ihren Rücken und packen Sie das gegenüberliegende Hinterbein. Nun drücken Sie Ihren Körper in die Seite der Ziege und ziehen Sie gleichzeitig nach oben und hinten, sodass die Ziege auf der Seite landet. Werfen Sie sich sofort über das Tier und drücken Sie einen Ellbogen seitlich auf ihren Hals, sodass sie den Kopf nicht heben kann. So verharren Sie, bis sie aufhört, sich zu wehren, und noch einige weitere Minuten. Wenn Sie nicht groß genug sind, um über die Ziege zu greifen, dann langen Sie unter ihr nach dem Hinter- und Vorderbein auf der anderen Seite und ziehen. All dies klingt vielleicht extrem, aber es muss normalerweise nur einmal durchgeführt werden, und es kann eine ansonsten problematische Ziege vor dem Verkauf oder gar Schlachthaus bewahren.

Der richtige Umgang

Ziegen können auch komplizierte Aufgaben erlernen, wie etliche Studien beweisen (siehe S. 94–95), und auch die Anforderungen des Alltags erlernen sie spielend. Für den richtigen und stressfreien Umgang mit ihnen ist es jedoch wichtig zu wissen, wie Ziegen ihre Welt wahrnehmen.

Der Trick beim Umgang und Training ist Freundlichkeit. Ziegen sind intelligent und behalten Gutes wie Schlechtes lange im Gedächtnis. Mit einigen ruhigen Worten, einem Streicheln über den Hals oder einem kleinen Leckerbissen kann man mehr Respekt und Kooperation erreichen als mit Anschreien oder Schlägen.

Unten *Eine Gruppe Walliser Schwarzhalsziegen in ihrer alpinen Heimat. Wenn man das natürliche Verhalten von Ziegen kennt, kann man viel leichter mit ihnen als gegen sie arbeiten.*

TIPPS ZUR ERZIEHUNG

• Ruhige Ziegen sind meist in Familienverbänden unterwegs, wobei die ältesten Geißen mit ihrer erweiterten Verwandtschaft das Sagen haben. Manche Ziegenhalter versehen diese Leittiere mit einer Glocke, damit sich die Gruppe besser zusammenhält.

• Ziegen haben keinen echten Herdentrieb, daher ist es leichter, sie (etwa mithilfe eines Futtereimers) zu führen, als sie vor sich her zu treiben. (Sie werden manchmal getrieben, dann aber meist gemeinsam mit Schafen, deren Herdentrieb ausgeprägter ist. Sie zu führen, ist viel einfacher.)

• Ziegen bewegen sich, wenn sich die anderen bewegen. Führen Sie die Leitgeiß, und der Rest wird folgen.

• Ziegen hassen es, gehetzt zu werden. Orientieren Sie sich also am Tempo des langsamsten Tiers in der Gruppe.

• Ziegen suchen gern weite Flächen auf, da sie nicht gern eng eingepfercht sind. Sie gehen zudem lieber eben oder bergauf als bergab.

• Ziegen gehen lieber gegen den Wind als mit dem Wind. Sie bewegen sich auch lieber in Richtung Licht als auf dunkleres oder ungleichmäßig beleuchtetes Terrain zu, und sie gehen lieber auf eine Öffnung zu als auf einen versperrten Weg. Durch eine enge Öffnung lassen sie sich ungern treiben, also sollte man Türen und Gatter möglichst weit öffnen.

• Ziegen mögen Routine und bewegen sich am besten auf gewohnten Wegen in gewohnte Richtungen. Führen feste Gassen zur Weide oder in den Pferch, können die Tiere frei laufen und müssen nicht getrieben werden.

• Ziegen reagieren negativ auf laute Geräusche, plötzliche Bewegungen und zu heftiges Einwirken. Wenn sie sich erschrecken, drängen sie sich eng zusammen, wobei Tiere an Hindernisse gedrückt werden und ersticken oder verletzt werden können. Es erleichtert den Umgang, wenn man die Tiere in kleinere, geeignete Gruppen in kleineren Pferchen aufteilt. Haben Sie Geduld, und geben Sie den Ziegen Zeit, eine Situation einzuschätzen. Ziegen erinnern sich lange an negative Erlebnisse.

• Kitze und Jungziegen bewegen sich besser voran, wenn sie mit erwachsenen, gut erzogenen Tieren laufen. Saugkitze, die ihre Mutter aus den Augen verlieren, versuchen den Ort aufzusuchen, an dem sie sie zuletzt gesehen haben.

• Ziegen mögen es gar nicht, wenn man sie bei den Hörnern fasst. Sollte dies einmal nötig sein, packen Sie sie dicht am Kopf und nicht an den Spitzen. Schlimmstenfalls kann ein Horn abbrechen, was sehr schmerzhaft und blutig ist.

• Bleibt eine Ziege stehen, bringt es nichts, sie zu schieben. Ziehen Sie sie zur Seite, bis sie sich weiterbewegt, oder biegen Sie ihren Schwanz leicht nach oben und vorn.

• Das Vermischen von Gruppen bringt deren Sozialhierarchie durcheinander. Besser ist es, jede etablierte Gruppe einzeln zu versorgen oder zu behandeln.

• Eine Ziege mit Halsband und Glocke lässt sich besser lokalisieren als eine ohne.

Oben und unten *Das Klickertraining wird vor allem von Hobby-Ziegenhaltern eingesetzt, doch es ist auch bei der Arbeit mit Ziegen als Packtiere (s. S. 136–137) beliebt.*

KLICKERTRAINING

Ziegen sind neugierig, intelligent und immer auf eine Leckerei aus, daher reagieren sie am besten auf positives Training mit Lob und Leckerbissen. Eine der besten Methoden dieser Art ist das Klickertraining. Meist wird es bei Hunden eingesetzt, doch lässt es sich leicht auch für Ziegen anwenden.

Der Klicker ist ein kleines Gerät, das man in der Hand hält und mit dem man genau in dem Augenblick ein Geräusch macht, in dem das Tier eine erwünschte Handlung ausführt. Dieses deutliche Signal wird dann noch durch einen Leckerbissen verstärkt, der eine positive Assoziation herstellt und die Wahrscheinlichkeit erhöht, dass das Tier das Verhalten bei der nächsten Aufforderung erneut ausführt. Mit dem Klicker kann man Ziegen alles beibringen, vom Benehmen bei Vorgängen wie Klauenpflege oder Entwurmung bis hin zum Ziehen eines Wägelchens oder Ausführen von Kunststücken.

ZUNEIGUNG ZUM MENSCHEN

Ziegen zeigen ihre Zuneigung, indem sie Menschen, die sie mögen, ins Gesicht blicken. Alle Ziegen haben Duftdrüsen neben dem Hornansatz, und so reiben sie ihre Stirn an Menschen, die sie schätzen, um ihren Duft (den nur die Ziegen riechen können) zu verbreiten.

Manch freundlicher Bock versucht auch, auf Menschen zu urinieren, um seine Zuneigung zu zeigen – wie er es bei einer Geiß machen würde. Das geschieht oft während der Brunst, wenn viele Pheromone im Spiel sind (siehe S. 80–81).

ZIEGEN IM HAUS

Ziegen wurden immer auf der Weide oder auf dem Hof gehalten. Da sie aber leicht stubenrein werden, wenn man sie früh dazu erzieht, halten immer mehr Menschen Ziegen im Haus.

Generell ist es nicht gut, Ziegen einzeln zu halten; sie brauchen die Gesellschaft von Artgenossen. Eine Ausnahme sind Ziegen, die explizit als Haustiere von Hand aufgezogen werden und sich an den Menschen binden. So aufgezogene Kitze integrieren sich später manchmal durchaus in eine Herde; doch wenn man entscheidet, sie im Haus zu halten, leben viele solcher Ziegen auch sehr zufrieden als Einzeltiere.

Jungziegen lassen sich wie Hundewelpen zur Stubenreinheit erziehen. Kitze sind darauf gepolt, nicht dort zu urinieren, wo sie schlafen, daher sollte man sie in einem kleinen Gatter – etwa einem Laufställchen – halten, das gut mit Decken, Handtüchern oder Bettlaken ausgelegt ist. Setzt das Kitz außerhalb seines Quartiers zum Urinieren an, tragen Sie es schnell an die gewünschte Stelle und loben Sie es überschwänglich, wenn es sein Geschäft erledigt hat.

Dies wiederholt sich nach dem Schlafen, Fressen und Spielen sowie nachts alle paar Stunden; nach etwa drei Wochen genügt dann ein nächtlicher Ausflug zur Toilette. Passiert dem Kitz ein Malheur in seinem Ställchen, erneuern Sie die Decken und Laken und reinigen Sie die Stelle gründlich, damit kein Geruch zurückbleibt, der das Kitz zum erneuten Urinieren an dieser Stelle ermuntern könnte.

Die meisten kleinen Kitze setzen dort, wo sie urinieren, auch ihren Kot ab; mit zunehmendem Alter nimmt jedoch die Fähigkeit der Tiere, ihren Kot länger aufzuhalten, eher ab.

SAUBERKEITSERZIEHUNG

- Decken Sie das Ställchen des Kitzes zur Nacht mit einem Laken ab; das gibt das Signal dafür, dass Schlafenszeit ist.
- Hängen Sie einige Glöckchen an den Laufstall. An ihrem Klingeln erkennen Sie, wenn das Tier nachts umherläuft und urinieren muss.
- Wenn Sie nicht zu Hause sind und das Kitz zum Urinieren an die gewünschte Stelle bringen können, sollten Sie ein zweites Lager (z. B. in der Garage) einrichten, wo sich das Tier ruhig einmal erleichtern kann, wenn Sie abwesend sind. Dies ist auch eine Möglichkeit für die Nacht, wenn Sie nicht extra aufstehen möchten. Bedenken Sie aber, dass Ziegen soziale Tiere sind; wird ein Kitz draußen und abseits der Menschen gehalten, braucht es Gesellschaft.
- Wenn man darauf trainiert, dass draußen uriniert wird, lassen sich auch zwei oder mehr Tiere gleichzeitig erziehen, besonders wenn sie sich den Schlafplatz teilen. Soll drinnen uriniert werden, ist ein großes «Ziegenklo» (z. B. ein kleines Planschbecken) unerlässlich.

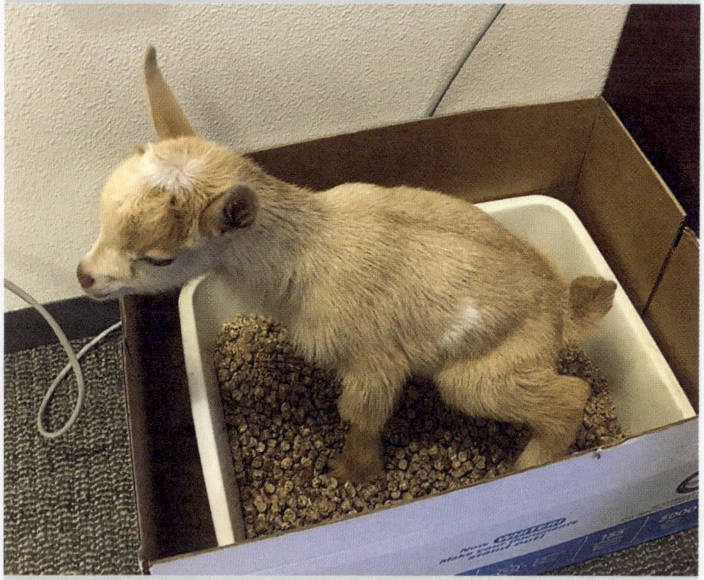

Oben *Im Haus eignen sich Welpenunterlagen, ein dickes Handtuch oder ein kleines, mit Katzenstreu gefülltes Planschbecken zur Sauberkeitserziehung.*

Spielen

Schon mit wenigen Stunden beginnen Ziegen zu spielen, und wenn es die Gesundheit zulässt, spielen sie bis ins hohe Alter. Sie springen, wirbeln umher, rennen, führen Scheinkämpfe und klettern mit Hingabe. Da sie von Natur aus verspielt sind, ist es gut, ihnen dafür Freiraum und Spielzeuge zu geben; das gilt besonders für Ziegen, die im Haus gehalten werden.

ENRICHMENT

Zahlreiche Studien belegen, dass eine anregende Umgebung für Tiere (inklusive Ziegen) natürliche Verhaltensweisen fördert, darunter Erkundungsverhalten, Nahrungssuche, Bewegung und soziale Interaktionen. Diesen Ansatz bezeichnet man als Enrichment (Verhaltensanreicherung).

Bei einer Studie untersuchten brasilianische Forscher zwei Gruppen von Saanenziegen zu je sechs Tieren, von denen sie eine in einen leeren Pferch sperrten und die andere in einen Pferch mit Enrichment-Materialien (mit Maisschrot gefüllten Flaschen, an der Wand montierten Bürsten zur Körperpflege,

Rechts *Ziegen schließen schon als Kitze enge Freundschaften, und zusammen klettern sie auf alles Mögliche – wie Verandas, Autos, Gartentische und Rasenmäher.*

Oben *Ziegen lieben es zu klettern, schließlich lebten ihre wilden Vorfahren auch im Gebirge. Dieses Vergnügen kann man ihnen z. B. mit einem abgelegten Baumstamm ermöglichen.*

Rechts *Ziegen klettern auf alles nur Mögliche. Manche lieben Trampoline, andere große hölzerne Kabelspulen oder einfach umgedrehte Maurerkübel.*

einem aufgehängten Autoreifen und einem Baumstamm zum Klettern). Die Ziegen mit der angereicherten Umgebung verbrachten mehr Zeit mit Körperpflege, Fressen und sozialer Interaktion; sie standen weniger einfach herum und ruhten auch weniger, sondern waren vielmehr körperlich aktiver.

Enrichment findet oft Anwendung bei Wildtieren in Gefangenschaft, doch auch Hobby- und Nutztiere können von artspezifischen Enrichment-Strategien profitieren. Für Ziegen ist dies besonders wichtig, denn wenn diese keine Beschäftigung haben, sorgen sie selbst für Unterhaltung – vom Zerstören von Zäunen bis zum «Aufmischen» von Herdengenossen und Haltern.

ANREICHERN JA, ABER WOMIT?

Als Grasfresser erkunden Ziegen die Welt mit dem Maul; außerdem sind sie sehr gute Kletterer. Alle Spielzeuge oder -geräte, die dem entgegenkommen, funktionieren bestens. Ziegen lieben auch Abwechslung, daher sollte man das Spielzeug wöchentlich oder alle 14 Tage wechseln, um das Erkundungsverhalten anzuregen.

Die besten Spielzeuge sind aus stabilem Metall, Hartgummi oder Kunststoff; man kann sie auf den Boden stellen, von der Decke baumeln lassen oder an Wänden, Türen oder Zäunen aufhängen, wo die Ziegen sie mit dem Maul untersuchen und damit Geräusche erzeugen können.

Wichtig ist es, ausreichend Spielzeug zur Verfügung zu stellen, sodass alle Tiere gleichzeitig spielen können. Andernfalls würden Tiere, die eine hohe Stellung in der Herdenhierarchie (siehe S. 76–79) innehaben, das Spielzeug gegen rangniedere verteidigen, und diese würden leer ausgehen.

Geben Sie Ziegen keine Behälter und Spielgeräte, die zuvor giftige Substanzen enthielten oder die Öffnungen haben, in die die Tiere mit dem Fuß geraten könnten; hier drohen Verletzungen. Auch scharfkantige Gegenstände oder solche, die leicht zerkaut und dann geschluckt werden können, verbieten sich. Alle Spielgeräte sind zudem regelmäßig auf herausragende Nägel, Schwachstellen, Splitter, Brüche und Löcher zu untersuchen.

Viel Kontakt zum Menschen stellt ebenfalls eine Bereicherung dar. Spaziergänge, Pflegemaßnahmen und das Erlernen neuer Kunststücke sind für Ziegen unterhaltsam und anregend.

Oben *Unterwegs zu sein, ist für eine als Haustier gehaltene Ziege herrlich. Gemeinsame Spaziergänge und Erkundungstouren bereiten Mensch und Ziege Freude.*

Links *Kunststoff-Spielhäuser für Kinder sind für Ziegen interessant und unterhaltsam. Da sie für Kinder konstruiert wurden, weisen sie keine scharfen Kanten, Splitter oder Nägel auf.*

MÖGLICHE SPIELZEUGE

Hängen Sie einen Ball im Stall, im Auslauf oder auf der Weide auf, oder versuchen Sie es mit stabilen großen Bällen, wie sie für Pferde angeboten werden. Manche haben einen praktischen Griff.

Im Handel angebotene Spielzeuge für Hunde und Pferde, in die man Leckerbissen stecken kann, eignen sich auch gut für Ziegen, ebenso Kunststoffflaschen und leere Wasserspenderbehälter mit Leckerbissen darin (ohne Deckel oder mit kleinen Löchern in den Wänden versehen).

Heuballen, Balken, Kunststoffschüsseln von Rinder-Lecksteinen, Traktorreifen (senkrecht im Boden eingegraben, sodass sie nicht umfallen), Holzkisten und leere, große Kabelspulen aus Holz sind Kletterobjekte, die nicht viel kosten. Auch aus alten Holzpaletten lässt sich ein Klettergerüst bauen.

Kinder-Spielhäuser aus Kunststoff, Rutschen, Wippen und derlei mehr kommen gut an.

Geeignet sind auch in einem Baum aufgehängte Autoreifen (für Böcke auf der Felge belassen, damit sie schwerer sind).

Kunststoffbesenköpfe und -bürsten an der Wand oder am Zaun werden gern für die Fellpflege genutzt.

Große, kräftige Äste oder junge Bäume bieten Klettermöglichkeiten und Grünfutter zugleich; überprüfen Sie aber genau, ob der Baum ungiftig für Ziegen ist (siehe S. 135).

Unten *Große Bürsten zum Scheuern machen Spaß, und die Ziegen können sich mit ihnen an sonst unerreichbaren Stellen kratzen. Straßenmeistereien geben möglicherweise alte Bürsten von Kehrmaschinen ab – fragen Sie danach!*

KAPITEL 5

Ziegen & Menschen

Milchziegen

Ziegenmilch ist ein gutes Nahrungsmittel. Zwar wird heutzutage in etlichen Regionen, wie Nordamerika und Europa, deutlich mehr Kuh- als Ziegenmilch konsumiert, doch über 65 % der Weltbevölkerung trinkt Ziegenmilch. Auf das Milchvolumen bezogen liegt Ziegenmilch allerdings weit hinter Kuhmilch und macht nur 2,4 % des weltweiten Milchverzehrs aus.

MILCHPRODUKTION

Ziegen werden oft als «die Kuh des kleinen Mannes» bezeichnet. Sie sind in Anschaffung und Unterhalt billiger als die meisten anderen Milchvieharten. Zudem liefern sie nahrhafte Milch und gedeihen selbst unter ungünstigen Klimabedingungen mit lokalem Raufutter.

Zu den wichtigsten Produzenten von Ziegenmilch zählen die Länder im Mittelmeergebiet, in Südasien sowie in Teilen von Lateinamerika und Afrika; die durchschnittlichen Milcherträge schwanken jedoch stark von Land zu Land. So liefert eine Ziege in Bangladesch durchschnittlich 80 kg Milch pro Jahr, während es in Indien und Pakistan mehr als 140 kg sind. In Europa und Nordamerika erzeugen typische Milchziegen aufgrund von gezielter Züchtung und verbesserten Futtermitteln ihrerseits pro Jahr deutlich mehr Milch als die Milchziegen in der Dritten Welt (siehe Tabelle).

Im Normalfall werden Milchziegen einmal jährlich gedeckt, und zwar im Herbst. Wenn sie werfen (ablammen), schießt gleichzeitig die Milch ein, und sie werden 10 Monate lang gemolken. Vor dem erneuten Ablammen

Unten *Pashmina-Ziegen (offizieller Rassename: Changthangi) werden in einem Dorf in Ladakh, Indien, gemolken. Diese Ziegenrasse wird auch wegen ihrer Wolle gehalten (s. S. 132).*

Links *Golden Guernsey werden als Milchziegen gehalten. Ihre Milchleistung ist zwar nur mäßig, doch sie sind wegen ihres geringen Nahrungsbedarfs beliebt.*

Rechts *In großen europäischen Milchbetrieben müssen üblicherweise bis zu 1000 Ziegen gemolken werden, gelegentlich sogar mehr, weshalb Melkmaschinen unverzichtbar sind.*

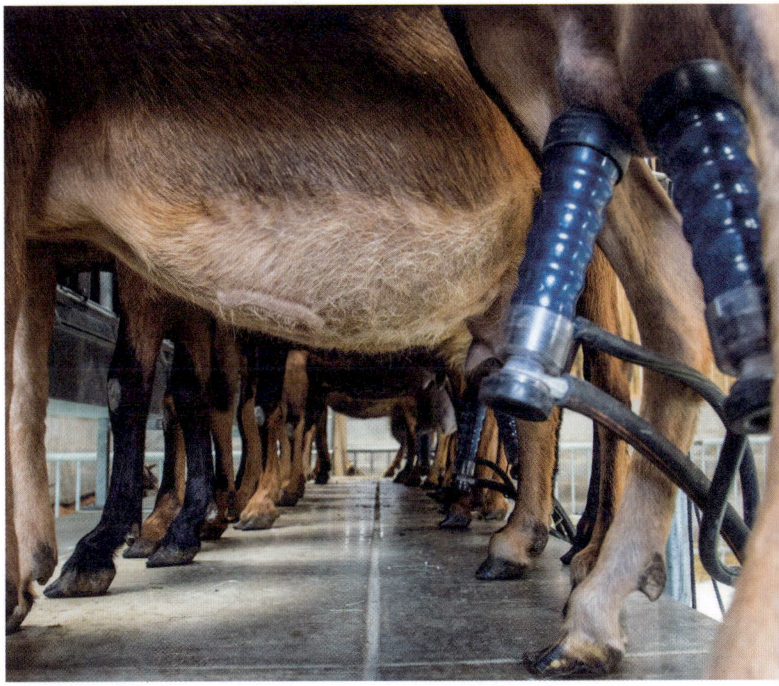

haben die Geißen dann eine Erholungspause von 2 Monaten (sie stehen «trocken»). Die Milchproduktion erreicht 4–6 Wochen nach dem Werfen einen Höhepunkt und nimmt im Herbst allmählich ab. Eine Durchschnitts-Geiß erreicht während ihrer zweiten oder dritten Laktation ihre höchste Jahresmilchleistung; diese nimmt ab dem 6. oder 7. Lebensjahr langsam ab, doch viele Ziegen weisen 10 Jahre oder länger eine gute Milchleistung auf.

Manche Geißen von Hochleistungsrassen können «durchgemolken» werden – das bedeutet, dass sie ohne erneute Trächtigkeit ganzjährig Milch liefern. Neben der garantierten ganzjährigen Milchversorgung fällt beim Durchmelken zudem die Zusatzarbeit von Aufzucht und Verkauf der Kitze weg. Die Milchleistung nimmt im Lauf der Zeit zwar ab, doch eine Laktationsdauer von 4 oder 5 Jahren ist nicht ungewöhnlich.

Der Fettgehalt von Ziegenmilch schwankt zwischen rund 3 bis 6 %. Er variiert von Ziege zu Ziege und ist dabei von Rasse, Genetik, Art des Futters und Laktationsstadium abhängig. Die Milch von Hochleistungsrassen wie der Saanenziege enthält normalerweise weniger Milchfett, während die Milch bei Rassen mit geringerer Milchleistung, wie Nubiern und Guernseys, einen höheren Milchfettgehalt hat. Einige Zwerg-Milchziegenrassen wie Nigerian Dwarf haben eine erstaunliche Milchleistung bei gleichzeitigem hohem Milchfettgehalt (siehe S. 68), doch die Milchmenge ist selten so hoch wie bei Rassen mit normaler Körpergröße.

VERGLEICH VON MILCHZIEGENRASSEN

Rasse	Milchproduktion (Laktation von 275–305 Tagen)
Alpine	1188 kg
LaMancha	1065 kg
Nigerian Dwarf	369 kg
Nubier-Ziege	890 kg
Oberhasli	953 kg
Saanenziege	1254 kg
Sable-Saanen	1168 kg
Toggenburger Ziege	1012 kg

Quelle: 2018 Dairy Goat Herd Improvement Figures der American Dairy Goat Association

ZUSAMMENSETZUNG VON MILCH (pro 100 g)

QUELLE	ENERGIE (kcal)	FETT (g)	CHOLESTERIN (mg)	PROTEIN (g)	KALZIUM (mg)
Mensch	70	4,38	14	1,03	32
Kuh	61	3,34	14	3,29	119
Ziege	69	4,14	11	3,56	134
Schaf	108	7	–	5,98	193
Wasserbüffel	97	6,89	19	3,75	169

Quelle: US Department of Agriculture, Composition of Foods, *Agriculture Handbook 8–1*

ZIEGENMILCH UND IHR NUTZEN

Ziegenmilch ähnelt in vielen Eigenschaften der menschlichen Milch und ist daher ideal für die Ernährung von Säuglingen, insbesondere von Babys mit Kuhmilchallergie. Auch für Erwachsene ist sie eine gesunde Kuhmilchalternative. Im Vergleich zu Kuhmilch enthält Ziegenmilch weniger αS1-Casein (das Protein, das für die meisten allergischen Reaktionen auf Kuhmilch verantwortlich ist), jedoch mehr Oligosaccharide; diese gelangen unverändert in den Dünndarm und wirken dort als Probiotika. Sie enthält ferner weniger Lactose (Milchzucker, der von Natur aus in Milch vorkommt) sowie kleinere Fetttröpfchen und ist daher leichter verdaulich. Zudem weist Ziegenmilch mehr essenzielle Fettsäuren auf; diese sind rasche Energielieferanten, werden aber nicht als Körperfett gespeichert. Und sie ist reich an Kalzium, Phosphor, Magnesium, Zink, Selen, Riboflavin und Vitamin A. Allerdings enthält sie wenig Vitamin B6, B12 sowie Vitamin D.

Unten *Ziegenmilch ist in Teilen Asiens, Afrikas und Lateinamerikas bereits seit Langem ein Grundnahrungsmittel, wird in anderen Gebieten der Welt aber erst allmählich beliebter.*

Aus eigener Herstellung: runder Panir (Paneer)

SCHNELL UND EINFACH

Panir (auch als Paneer bezeichnet) ist ein mild schmeckender Frischkäse, der leicht herzustellen ist. In einem Edelstahltopf erhitzt man 4 l Ziegenmilch bei mittlerer Hitze und gelegentlichem Rühren auf 85 °C, zieht den Topf dann vom Herd weg und rührt 60 ml Essig oder Zitronensaft ein. Die geronnene Milch schöpft man in ein flaches Sieb, das mit einem Käsetuch (Mullwindel) ausgelegt ist, fügt nach Belieben Kräuter oder Früchte zu, bindet die Ecken des Tuchs zusammen und lässt alles über Nacht abtropfen.

Ziegenmilch wird ferner weltweit zur Herstellung von Joghurt, fermentierten Getränken wie Kefir sowie Hunderten von Käsesorten verwendet: Das Spektrum reicht vom Frisch- bis zum Hartkäse – bekannte Beispiele sind Chèvre (Frankreich), Caprino (Italien), Ekte Geitost (Norwegen), Halloumi (Zypern), Kefalotyri (Griechenland), Majorero (Spanien) und Panir (Indien). Die meisten Ziegenkäse besitzen einen typischen, würzig-scharfen Geschmack; er geht auf die Fettsäuren Capryl-, Caprin- und Capronsäure zurück, die in der Frischmilch enthalten sind.

Frische Ziegenmilch, die von gesunden Tieren hygienisch gewonnen, verarbeitet und sofort gekühlt wird, schmeckt süßlich aromatisch und besitzt keinerlei «Ziegenaroma», wie es für den Käse typisch ist. (Allerdings gibt es Ziegen, die von Natur aus eine etwas unangenehm schmeckende Milch liefern, daher sollte man die Milch einer Ziege immer probieren, bevor man ein Tier kauft.)

ZIEGEN ALS AMMEN

Ziegen wurden im 18. und 19. Jh. regelmäßig als Säugammen für Waisenkinder eingesetzt. Der französische Arzt Alphonse Leroy beschrieb 1775 die Verwendung von Ziegen in einem Findelheim in Aix-en-Provence: «Die Wiegen stehen in einem großen Raum, in zwei Reihen angeordnet. Jede Ziege kommt meckernd herein und sucht sofort ‚ihren' Säugling auf, schiebt mit ihren Hörnern die Decke beiseite, steigt über die Wiege und nährt den Säugling.»

Heutzutage erscheint diese Sitte zwar merkwürdig, doch Ziegen hatten tatsächlich ihre Vorteile: Sie besitzen große Zitzen, die ein Säugling mit dem Mund gut packen kann, und liefern viel gesunde Milch. Zudem gingen sie eine enge Bindung mit ihren Schützlingen ein und brachten diese nicht mit Syphilis in Kontakt – ganz im Gegensatz zu den damaligen menschlichen Ammen. Das Foto rechts wurde um 1903 in Kuba aufgenommen.

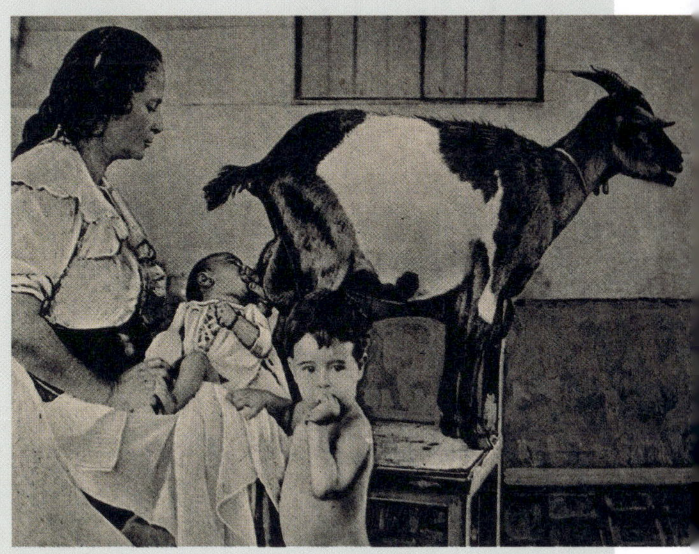

Ziegen für die Fleischproduktion

Die meisten anerkannten Ziegenrassen dienen sowohl zur Fleisch- als auch zur Milchproduktion – solche Zweinutzungs- oder Doppelnutzungsrassen liefern neben der Milch so viel Fleisch, dass sich das Schlachten lohnt. Typische Vertreter sind Kinder- und Anglo-Nubier-Ziege. Doch es gibt Ziegen, die nur als Fleischlieferanten gezüchtet werden.

FLEISCHZIEGEN

Prinzipiell ist zwar das Fleisch jeder gesunden Ziege essbar, doch manche Rassen liefern mehr Fleisch als andere. Die bekannteste Fleischziegenrasse ist die südafrikanische Burenziege mit den typischen Hängeohren, Ramsnase und kräftigem Körperbau (siehe

Unten *Weltweit gesehen enden die meisten Ziegen irgendwann am Ende ihres «Berufslebens» im Kochtopf, doch manche Rassen werden ganz gezielt als Fleischproduzenten gezüchtet, wie diese jungen Burenziegen.*

Oben *Auch die robuste Kiko-Ziege aus Neuseeland gehört zu den wichtigen Fleischziegenrassen. Sie entstand durch Kreuzung von britischen Milchziegenböcken mit verwilderten Geißen; die Rasse ist pflegeleicht und garantiert einen hohen Fleischertrag.*

S. 183). Die genaue Herkunft der Rasse ist unklar; die heutigen Burenziegen stammen aber vermutlich von in Afrika heimischen Ziegen ab, welche die ersten holländischen Siedler Südafrikas mit europäischen Milchziegenrassen kreuzten. Die moderne Burenziege wurde zu Beginn des 20. Jahrhunderts herausgezüchtet; 1970 wurde sie weltweit als erste Ziegenrasse wissenschaftlich auf ihre Fleischleistung hin untersucht. Inzwischen sind Burenziegen rund um den Globus verbreitet; es gibt ansehnliche Populationen in den USA, Kanada, Südamerika, Australien, Neuseeland, Großbritannien und im restlichen Europa, wo man reinrassige Burenziegenböcke gerne in andere Rassen einkreuzt, um gut bemuskelte Hybride für den kommerziellen Fleischmarkt zu gewinnen. Dies wurde zum Beispiel in Deutschland zum Aufbau der Fleischziegenzucht praktiziert. In Südafrika gibt es heute neben der Burenziege an Fleischziegen ferner die Savannah White und die Kalahari Red, im restlichen Afrika die Mashona aus Simbabwe und die Galla-Ziege (Somali-Ziege) aus Kenia.

Eine Ziegenrasse aus Neuseeland wird derzeit in Nord- und Südamerika sowie Teilen Europas immer beliebter: die Kiko (von *kiko*, Maori für «Fleisch»; siehe S. 184). Ihre Zucht begann in den 1970er-Jahren, als eine Gruppe von Groß-Farmern, die bereits sehr viele eingefangene Wildziegen hielten, ein Unternehmen namens Goatex Group gründeten. Ziel war es, eine äußerst robuste Fleischziege herauszuzüchten, die in der Lage ist, ohne besondere Pflegemaßnahmen unter rauen Bedingungen zu überleben und raschwüchsige Fleischkitze zu produzieren. Die Stammtiere der Rasse erhielten keinerlei Hilfe beim Ablammen, es gab weder Zufütterung noch Unterstände, die Klauen wurden nicht geschnitten, und die Tiere wurden nicht entwurmt. Alle schwachen und missgebildeten Individuen starben; Tiere mit ungenügender Leistung wurden ausnahmslos geschlachtet. Sämtliche heute lebenden Kiko-Ziegen stammen nur von dieser überlebenden Gruppe ab.

Beispiele für weitere Ziegenrassen, die gezielt zur Fleischproduktion gezüchtet werden, sind die Raça Bravia aus Portugal, die für die Produktion von Kitzfleisch gehalten werden (siehe S. 128). In Italien finden wir mehrere Rassen in der Lombardei, in Marokko die Noire Marocaine (Attaouia, Yahyaouia). Zu den chinesischen Fleischziegenrassen zählen Haimen, Banjiao und Shaanan White; auch Pakistan ist Heimat etlicher Fleischziegen, darunter Teddy, Chappar, Lohri, Pamiri und Tharki. In Thailand gilt die Katjang als wichtiger Fleischproduzent, ebenso wie die Terai in Nepal.

ZIEGENFLEISCH

Ziegenfleisch ist nicht gleich Ziegenfleisch: Da gibt es erstens das Fleisch von alten, überzähligen oder aus anderen Gründen geschlachteten Milch- oder Wollziegen und zweitens das Fleisch von Fleischziegen, die gezielt zu diesem Zweck gemästet wurden. Als Cabrito (oder Capretto) bezeichnet man das zarte, helle Fleisch eines Milchzickleins; das Fleisch von älteren und ausgewachsenen Ziegen ist dunkler, oft zäher und im Geschmack «strenger».

Ein 12–20 Wochen altes Milchkitz liefert normalerweise 5,4–11,3 kg Fleisch, während ein 12–18 Monate altes Tier etwa 45 kg wiegt und 18–23 kg Fleisch liefert.

Ziegenfleisch ist gesund, denn es ist von Natur aus mager und enthält im Vergleich zu Rind-, Schweine-, Hühner- und Lammfleisch deutlich weniger gesättigte Fette, Cholesterin sowie Natrium und ist zudem kalorienärmer.

Koteletts, Rückenstücke und Filet eignen sich für die schnelle Küche; allerdings kann Ziegenfleisch bei starker Hitze sehr schnell trocken und zäh werden, da es mager und kaum marmoriert (von Fett durchzogen) ist. Daher eignet es sich am besten für langsam gegarte Eintöpfe. Das Hackfleisch kann als Ersatz für Rinder-, Schweine- oder Geflügelhack dienen. Ziegenfleisch lässt sich gut einfrieren.

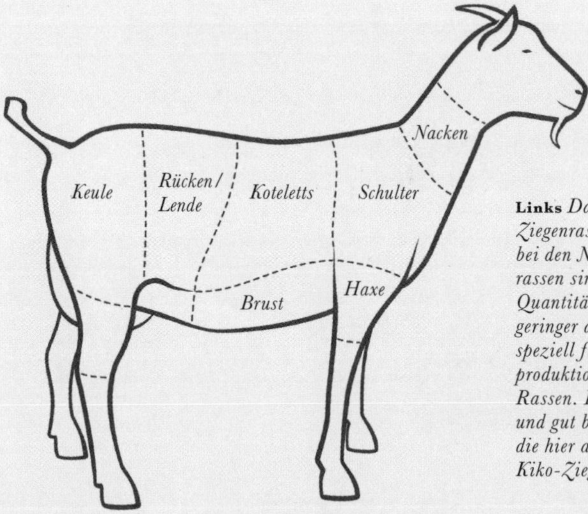

Links *Das Fleisch aller Ziegenrassen ist essbar; bei den Nicht-Fleischrassen sind allerdings Quantität und Qualität geringer als bei den speziell für die Fleischproduktion gezüchteten Rassen. Diese sind groß und gut bemuskelt, wie die hier abgebildete Kiko-Ziege.*

Rechts *Eine Ziegenherde in der Berglandschaft von Yangshuo bei Guilin, China. Der Verzehr von Ziegenfleisch ist zurzeit in China am höchsten, doch auch in der restlichen Welt nimmt die Beliebtheit von Ziegenfleisch zu.*

NÄHRSTOFFVERGLEICH VERSCHIEDENER FLEISCHQUELLEN (pro 85 g gegarte Menge)

FLEISCH	KILOKALORIEN	FETT (g)	DAVON GESÄTTIGTE FETTE (g)	PROTEIN (g)	CHOLESTERIN (mg)
Ziege	122	2,6	0,79	23	63,8
Rind	179	7,9	3,25	25	73,1
Schwein	180	8,2	2,9	25	73,1
Huhn	162	6,3	1,7	25	76
Schaf	175	8,1	2,9	24	78,2

Quelle: US Department of Agriculture, 2001

Laut der Marktforschungs-Plattform IndexBox wird das meiste Ziegenfleisch heutzutage in China verzehrt: 2015 wurden dort 2 264 000 Tonnen Ziegenfleisch erzeugt oder gekauft, Tendenz steigend. An zweiter Stelle folgten Indien, danach Pakistan, Nigeria und Sudan – 62 % des Welt-Ziegenfleischkonsums entfielen 2015 auf diese fünf Länder.

In der westlichen Welt isst man zwar weniger Ziegenfleisch, doch die Nachfrage ist steigend, teils weil bestimmte ethnische Gruppen es bevorzugen, teils weil sich herumspricht, wie gut es schmeckt. Da die lokale Produktion den Bedarf an Ziegenfleisch in vielen Ländern nicht decken kann, wird es aus Australien eingeführt, das Export-Weltmeister für Ziegenfleisch ist. Nach wie vor sind die USA der größte Abnehmer; innerhalb eines Jahrzehnts hat sich der australische Auslandsumsatz an Ziegenfleisch mehr als vervierfacht. Das exportierte Fleisch stammt fast ausschließlich von verwilderten Hausziegen, die auf Farmen gehalten oder eingefangen wurden (siehe S. 26–27).

WO WIRD ZIEGENFLEISCH VERZEHRT?

Ein typisches Gericht für Lateinamerika und Teile der Südwest-USA ist Cabrito: Milchkitz, das geschmort oder gegrillt wird. Auf Okinawa (Japan) isst man *yagisashi* – rohes, in dünne Scheiben geschnittenes Ziegenfleisch. Auch in Nepal schätzt man Ziegenfleisch, dort werden gerne Gerichte mit Zieheninnereien zubereitet. Gebratenes Zicklein gehört in Süditalien, Griechenland und Portugal zu den traditionellen Ostergerichten, in Nordportugal ist es auch ein Weihnachtsessen. Auf Jamaika sind deftige Gerichte wie Ziegen-Curry oder eine Suppe mit Ziegenkopf und Innereien beliebt.

Rechts *Australische und neuseeländische Farmer fangen die verwilderten Ziegen ein und mästen sie, um das Fleisch zu verkaufen. Gelegentlich setzen sie sie auch in betriebseigenen Zuchtprogrammen ein, um neue Rassen zu entwickeln.*

Ziegen für die Faserproduktion

Schon seit langer Zeit züchtet man spezielle Ziegen für die Faserproduktion. Diese Fasern sind zwar nicht so bekannt wie Schafswolle, es handelt sich aber um zwei Luxusprodukte mit großer weltweiter Nachfrage: Mohair und Kaschmir. Streng genommen bezeichnet man übrigens nur das Unterhaar von Schafen als «Wolle», trotzdem sind Begriffe wie Ziegenwolle und Wollziegen üblich.

MOHAIR

«Mohair» ist das seidige Unterhaar der Angoraziegen (siehe S. 188); das Wort leitet sich vom arabischen *muhayyar* ab, so nannte man früher ein hochwertiges Tuch aus Ziegenhaar. Die Rasse der Angoraziegen ist in der Türkei entstanden, angeblich vor etwa 2000 Jahren. Bereits im 16. Jahrhundert versuchte man, sie auch in Europa zu züchten, doch sie gediehen dort nicht. Gut entwickelten sich hingegen Angoraziegen, die 1838 nach Südafrika gelangten, sie legten den Grundstein für eine

Unten links *Ein Foto vom Edwards Plateau (Texas, USA; 1940) zeigt das Einsammeln des Mohair nach der Schur. Hier hält man große Ziegenherden mit über 1000 Tieren; 1992 lag der Gesamtbestand an Angoraziegen bei 2 Mio.*

Unten rechts *Heimat der Angoraziegen ist die Türkei, inzwischen haben sie sich weltweit verbreitet. Diese Tiere leben frei laufend auf einer Farm in Afrika.*

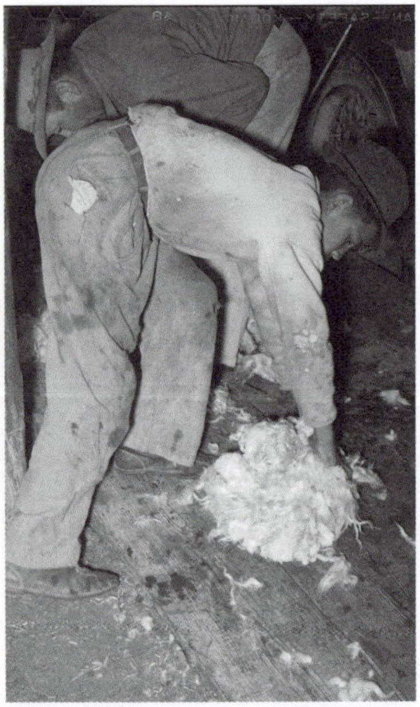

Decke aus Mohair

Mohairgarn

Oben links *Mohair besteht überwiegend aus Keratin. Laut der Texas A&M University benötigt man 18–23 kg hochwertiges Futter, um 0,5 kg Mohair zu erzeugen.*

Oben rechts *Neben weichem Garn, aus dem man Schals, Mützen, Pullover und Socken stricken kann, dient Mohair auch zur Herstellung diverser Wohntextilien.*

ZIEGENLEDER

Ziegenleder stellt vielerorts ein lukratives Nebenprodukt dar. Das weiche, flexible Saffianleder (Maroquinleder) wird beispielsweise gerne zu Handschuhen, Brieftaschen, Schuhen und Bucheinbänden verarbeitet. Früher stellte man auch Pergament aus Ziegenhaut her. Das weiche, flexible Ziegenveloursleder wird zu Kleidung verarbeitet, da es reißfest, leicht und angenehm zu tragen ist. Aus ganzen, teilweise sogar behaarten Fellen fertigte man früher wasserdichte Feldflaschen, wie die *Bota* (den Trinkbeutel aus Spanien; unten), oder in Osteuropa Lederschläuche zum Fermentieren von Kefir. (Ziegenleder dient auch zur Herstellung von Musikinstrumenten; siehe S. 152–153.)

Mohair-Industrie, die heute Weltmarktführer ist. Zweitgrößter Produzent sind die USA; die dortige Mohair-Industrie lässt sich auf sieben Angorageißen und zwei Böcke zurückführen, die 1849 ein Geschenk der Türkei waren. Angoraziegen wurden im 19. Jahrhundert ferner nach Australien und Neuseeland exportiert und begründeten auch dort eine leistungsfähige Mohair-Industrie.

Eine typische Angoraziege liefert 4–8 kg Mohairfasern pro Jahr. Da das Unterhaar ganzjährig wächst, werden die Ziegen zweimal jährlich geschoren, wenn das lockige Vlies etwa 10–15 cm lang ist.

Mohair besteht überwiegend aus Keratin, dem Protein, das in menschlichen Haaren und Nägeln (sowie in Ziegenhufen und -hörnern) vorkommt. Er wächst in seidigen Löckchen auf der Ziege und ähnelt sehr feinem Menschenhaar; Mohair ist nicht entflammbar, elastisch, haltbar und warm. Der Durchmesser der Mohairfaser beträgt 25–45 µm; bei Junggeißen sollte er nicht größer als 31 µm, bei Jungböcken geringer als 33 µm sein. Je jünger die Ziege, desto geringer der Durchmesser der Mohairfaser: Für den «Kid-Mohair» der Zicklein (27 µm oder weniger) werden die höchsten Preise gezahlt. Die Faser kann als solche oder im Gemisch mit anderen Fasern genutzt werden; man verwendet sie zur Herstellung von Bekleidung, Heimtextilien und sogar Teddybären-Plüsch.

KASCHMIR

Alle Ziegen bilden ein zweilagiges Winterfell aus: das für uns sichtbare Fell (Deckhaar, Grannenhaare) und ein feines, weiches Unterhaar (Unterwolle). Wenn der Herbst naht, beginnt es zu wachsen, erreicht im Hochwinter sein volle Länge und fällt im Frühling über mehrere Wochen hin aus. Bei manchen Ziegen wird besonders viel Unterhaar ausgebildet. Dies ist die luxuriöse Naturfaser Kaschmir (Cashmere), aus der man seit Jahrhunderten langlebige, leichte und knitterfreie Bekleidungsstücke herstellt.

Die erste Kaschmirindustrie der Welt entstand in Kaschmir, und ihr erstes Produkt war der Kaschmir- oder Pashmina-Schal – im 18. Jahrhundert eroberte er die westliche Welt im Sturm. Als Napoleon Bonaparte seiner Kaiserin einen Kaschmirschal schenkte, war Joséphine derart begeistert, dass sie schließlich 1000 Schals ihr Eigen nannte. Auch Königin Victoria sammelte Kaschmirschals und war von diesen so angetan, dass ihr der Schah von Persien 1837 zur Thronbesteigung eine Herde Kaschmirziegen schenkte (siehe S. 150).

Heute ist China der größte Kaschmirproduzent, doch die Mongolei, Nepal, Indien, Iran, Afghanistan, Australien und Neuseeland sind ebenfalls wichtige Erzeugerländer.

Kaschmirziegen sind Ziegen, die in Hinblick auf erstklassige Kaschmirproduktion ausgelesen wurden, und stellen nicht eine bestimmte Rasse, sondern eher eine Rassengruppe dar. Die Ziegen können lang- oder kurzhaarig sein, denn die Länge des Deckhaars hat wenig Einfluss auf die Länge oder Qualität des Kaschmir-Unterhaars. Alle Farben werden akzeptiert, doch Körperteile, die geschoren werden (alles außer Gesicht, Unterschenkeln und Bauch), sollten dieselbe Farbe besitzen. Die Menge hängt von der Größe des Tiers sowie Dichte, Länge und Durchmesser (Stärke) der Wollfasern ab; eine durchschnittliche Ziege liefert pro Jahr 110–170 g.

Wie bei Mohair wird der Durchmesser der Kaschmirfaser in Mikrometer gemessen; nach US-Industriestandard muss er unter 19 µm liegen und die Faserlänge mindestens 3 cm betragen. Die Kaschmirfaser glänzt nur schwach, ist extrem weich und dazu kraus (nicht gelockt), was für eine hohe Bauschkraft («Loft») und dadurch für die isolierenden Eigenschaften sorgt.

Links *Kaiserin Joséphine (1805 gemalt von Pierre-Paul Prud'hon), die erste Gemahlin Napoleons, war eine Trendsetterin in Sachen Mode und liebte Pashmina so sehr, dass sie 20 000 Francs für einen einzigen Schal bezahlte.*

Unten *Ultrafeines «Pashmina-Kaschmir» wird auch heute noch in Kaschmir produziert und exportiert. Diese Kaschmirziegen und ihr Hirte streifen durch die Berge von Ladakh in Nordkaschmir.*

Oben *In jüngerer Zeit wurden mit Nigora und Pygora (siehe Foto) zwei neue Rassen für die Faserproduktion gezüchtet. (Einzelheiten s. S. 191 bzw. S. 200.)*

Unten *Aus Ziegenhaar fertigt man seit Jahrhunderten Zelte für schwierigste Witterungsbedingungen. Diese traditionellen Beduinenzelte stehen im Wadi Rum in Jordanien.*

WIE VIELE ZIEGEN BRAUCHT MAN …?

… um einen zweifädigen Kaschmirpullover herzustellen? Laut dem Cashmere & Camel Hair Manufacturers Institute, das die Interessen von Erzeugern und Fabrikanten vertritt, benötigt man dazu den Jahresertrag von mindestens zwei Kaschmirziegen. Für ein Herrenjackett braucht man das Unterhaar von 4–6 Ziegen.

ZIEGENHAAR

Ziegenhaar ist gröber als die Wollfasern Kaschmir oder Mohair; es fällt gewöhnlich als Nebenprodukt bei der Aufzucht von Fleischziegen an. Das Haar ist für die Verarbeitung zu den heute üblichen Textilien zu grob. Man fertigte daraus das berühmte «härene Gewand», das zur Buße direkt auf der Haut getragen wurde – und grässlich juckte. Die Römer verwendeten Ziegenhaar zur Herstellung von Sackleinen, Segeln und Tauen.

Die Nomadenstämme im Nahen Osten und in Nordafrika nutzten Ziegenhaar zur Fertigung von Schwarzzelten – schwarz deshalb, weil es in solchen Zelten mittags (wider alles Erwarten) kühler ist als draußen; Ziegenhaar, weil es bei Nässe aufquillt und das Zelt damit wasserdicht macht. Daher züchten türkische Nomaden auch heute noch die schwarze Kil-Keçi-Haarziege.

Nach wie vor gibt es einen Markt für Ziegenhaar. Es wird aus China, der Mongolei und dem indischen Subkontinent nach Europa exportiert und dort zur Herstellung von Bürsten, Einlagestoffen für die Schneiderei verwendet, ferner als Zusatzstoff zur Armierung von Kalkputz.

Ziegen in der Landschaftspflege

Ziegen sind von Natur aus Kletterkünstler; sie lassen sich von Steilhängen oder tiefen Gräben nicht abhalten und fressen sich auch durch dichtes Gestrüpp. Das sind ideale Eigenschaften, um den Pflanzenaufwuchs auf schwierig zu pflegenden Flächen unter Kontrolle zu halten.

Oft werden Ziegen auf einem eingezäunten Gelände eingesetzt, um schwer auszurottende Pflanzen (zum Beispiel Brombeeren) zu vertilgen, dabei füttert man gleichzeitig zu, um eine ausgewogene Ernährung der Tiere zu garantieren. Oder man lässt sie gemeinsam mit Pferden, Rindern oder Schafen weiden, damit die Ziegen Unkraut und Gestrüpp fressen, das die anderen Tiere verschmähen. Inzwischen kann man auch Ziegen(herden) samt Hirten, Weidezaun usw. für sogenannte Landschaftspflegemaßnahmen mieten.

Links *Schon immer wurden Ziegen zur Beweidung eingesetzt, um ein Verbuschen der Landschaft zu verhindern. Auch in Mitteleuropa gewinnt die Landschaftspflege durch Ziegen an Bedeutung.*

ZIEGEN ZU VERMIETEN

Für die öffentliche Hand oder Naturschutzorganisationen, die unbewirtschaftete Flächen wie ehemalige Weinberge, Magerrasen, Almen oder andere Biotope pflegen müssen oder rekultivieren möchten, ist der Einsatz von Ziegen wirtschaftlich und umweltfreundlich. Im Mittelmeergebiet sind Brandschneisen ein wichtiger Aspekt.

Normalerweise versucht das Landschaftspflege-Unternehmen anhand des Geländes (Vegetationstyp und -menge) den Arbeitsaufwand zu beurteilen (Besatzstärke, Beweidungszeit, Zusatzaufwand) und setzt dann den Preis fest: entweder pro Fläche oder pro Ziege und Tag. Die Firma sorgt für den (Elektro-)Zaun, einen temporären Unterstand, die Tränkmöglichkeiten sowie (falls nötig) für Zusatzfutter und/oder einen Hirten (siehe S. 109).

Man kann verschiedene Ziegentypen einsetzen, doch die Tiere müssen gesund, transportfähig, fügsam und leicht einzufangen sein: Kastrierte Milchziegenböcke sind beliebt, da sie groß und robust sind; trächtige Geißen oder Muttertiere mit Kitzen sind eher ungeeignet, auch wegen der Verletzungsgefahr. Eine zehnköpfige Ziegenherde kann in einem Monat etwa 0,4 ha entbuschen. Größere Herden – nur selten über 100 Tiere – leisten mehr, doch je mehr Ziegen und je länger der Aufenthalt, desto eher werden die Ziegen eigentlich erwünschte Pflanzen abfressen oder versuchen auszubrechen.

Die Beweidung mit Ziegen ist immer dann problematisch, wenn auf den Flächen auch Pflanzen stehen, die erhaltenswert (z. B. Obstbäume) oder für die Ziegen giftig sind (siehe Tabelle). Zudem ist es mit einem einmaligen Ziegeneinsatz nicht getan; meistens muss er in den Folgejahren wiederholt werden, bis nicht erwünschte Pflanzen dauerhaft entfernt sind. Der Boden wird (mäßig) gedüngt, durch die Beweidung natürlich verdichtet und das Wasserhaltevermögen verbessert – vor allem an Steilhängen wirkt dies gegen die Bodenerosion.

Unten *Ziegen dürfen wegen Vergiftungsgefahr nicht alle Pflanzen fressen; andererseits vertragen sie aber Brombeerranken, Heckenrosen oder ähnliches «Stachelzeug» gut.*

GIFT ODER KEIN GIFT?

Das dürfen Ziegen fressen:	Das ist Gift für Ziegen:
Weidenschösslinge	Eibe Thuja
Japanischer Staudenknöterich	Rhododendron & Azaleen
Goldrute	Oleander
Disteln	Lorbeerkirsche
Winden	Ginster & Goldregen
Giersch	Fingerhut
Brennnessel	Osterglocken (Narzissen)
Schilf	Kreuzkraut (Greiskraut)
Laubzweige (Eiche, Esche usw.)	Stechapfel & Verwandte
Nadelzweige (außer Eibe, Thuja)	Tabak & Kartoffelkaut
Dorngestrüpp wie Brombeeren, Himbeeren, Heckenrosen, Weißdorn, Schlehen	Lupinen
	Schierling
	Wolfsmilch

Ziegen als Packtiere

Ziegen sind trittsichere, gelenkige Kletterer und können den Menschen überall hin begleiten: Sogar in steilem, felsigem Gelände kommen sie zurecht, anders als wuchtigere Packtiere wie Pferde und Verwandte oder Lamas. Seit ihrer Domestikation haben Ziegen als Lasttiere gedient, in etlichen Teilen der Welt ist das immer noch der Fall. Dazugekommen ist das Erlebnis-Trekking mit Packziegen.

GRÜNDE FÜRS TREKKING MIT ZIEGEN

Das Camping oder Trekking mit Ziegen, die die Ausrüstung in Packtaschen mitführen, bietet viele Vorteile und wird in Europa und Nordamerika immer beliebter.

Ziegen folgen einem (menschlichen) Leittier willig und gehen leicht eine Bindung mit Menschen ein, bleiben freiwillig bei ihnen und müssen daher nicht an einer Leine geführt werden. Sie sind außerdem sauber, fügsam, leicht zu führen und nicht sonderlich groß.

Außerdem sind Ziegen eine umweltfreundliche Wahl, sie zupfen hier und dort ein Blättchen, entlauben eine Pflanze aber niemals völlig. Als Mischäser fressen sie die verschiedensten Pflanzen(teile), und die verdaute Nahrung wird in Form trockener, kaffeebohnenähnlicher Kotkugeln wieder ausgeschieden, aber nicht als großer Kothaufen, sondern nach und nach.

Packziegen sind in der Anschaffung nicht teuer, ebenso wenig wie in Ausrüstung, Transport und Unterhalt. Sie lassen sich gut im Kleinbus, SUV oder auf der Ladefläche eines Kleintransporters befördern; man benötigt keinen teuren Viehanhänger. Außerdem sind Packziegen stark! Eine ausgewachsene, gut trainierte Ziege kann pro Tag bis zu einem Viertel ihres Körpergewichts bis zu 24 km weit tragen – bei einem Durchschnittsgewicht von 90 kg für eine Packziege sind das bis zu 23 kg.

Und schließlich sind die freundlichen Ziegen wunderbare Wandergefährten. Allein ihr Unterhaltungswert ist unbezahlbar.

Unten *Auf der ganzen Welt hat man Ziegen seit Urzeiten als Packtiere eingesetzt. Diese Ziegen-Karawane wandert durch schwieriges Gelände in West-Nepal.*

AUSWAHL UND TRAINING

Jede willige Ziege kann eine Last tragen, doch Milchziegen sind die Packziegen der Wahl. Wegen ihrer längeren Beine und größeren Gelenkigkeit sind sie geländegängiger und kommen in steilen Felspartien besser zurecht als die kurzbeinigeren, breiter gebauten Fleischziegen. Fleischziegen können jedoch mehr Gewicht tragen und kommen in nicht allzu schroffem Gelände gut zurecht. Unabhängig von der Rasse bevorzugen die meisten Packziegen-Halter kastrierte männliche Ziegen, doch eine trocken stehende (nicht laktierende) Geiß ist genauso gut geeignet. Packziegen sind meistens gehörnt: Die Hörner haben eine wichtige thermoregulatorische Funktion und erlauben den Tieren, überschüssige Wärme bei heißem Wetter abzugeben.

Wenn man zum Training ein Zicklein wählt, das mit der Flasche aufgezogen wird, ist das Ganze recht einfach. Schon mit 3–4 Wochen folgen die Kitze ihrem Menschen und lernen so, durch Pfützen oder über Felsen und Holzstämme zu steigen. Manche Packziegen-Halter beladen bereits ein 6 Monate altes Tier mit leichten, weichen Trainingslasten, doch etliche Ziegenkenner sind der Ansicht, dies könne die Wirbelsäule der Jungziege schädigen. Die meisten Packziegen-Halter nehmen ihre Tiere zwar auf Wandertouren mit, doch erst, wenn die Ziegen fast 2 Jahre alt sind, tragen sie eine Last.

Oben und unten *Packziegen sind furchtlose Wanderer und die perfekte Lösung für alle, die die freie Natur und Trekkingtouren lieben, dem Transport der Ausrüstung physisch aber nicht gewachsen sind.*

Ziegen als Zugtiere

Seit der Antike werden Ziegen als Zugtiere genutzt, um Menschen oder Güter zu transportieren. Im 19. und frühen 20. Jahrhundert verwendete man Ziegen, um Fuhrwerke mit Kindern oder Kranken zu ziehen. In der Landwirtschaft konnte ein Ziegenbock oder Kastrat sich sein Futter mit dem Befördern leichter Gerätschaften verdienen und lieferte am Ende seines Arbeitslebens sogar noch leckeres Fleisch.

VERGNÜGUNGSFAHRT MIT ZIEGE

In den städtischen Parks von New York bis Paris und in den Seebädern von Rügen bis Brighton gehörten Ziegengespanne im 19. Jahrhundert zum Alltag. Damals zahlte man in Brighton übrigens für ein Ziegengespann mit Wagen einen Shilling pro Stunde.

Unten *Coney Island in New York (USA) gehörte zu den vielen beliebten Badeorten, wo man in Vergnügungsparks Ziegengespanne mieten konnte.*

Oben *Ches McCartney, unterwegs mit seinem Ziegengespann und seinem Verkaufswagen; das Foto stammt aus den 1920ern.*

DIE «ZIEGENMÄNNER» ODER «GOAT MEN»

Bis in die 1960er gab es in den USA einige unerschrockene Männer, die mit ihren Ziegen weite Überlandstrecken zurücklegten; am berühmtesten waren die «Goat Men» («Ziegenmänner») Overland Jack und Ches McCartney.

John Rose, der spätere Overland Jack, war neun Jahre alt, als er in Virginia unter einen Güterzug geriet und beide Beine verlor. Im Jahr 1909 – er war zwanzig – machte er sich mit einem kleinen vierrädrigen Wagen, der von vier Ziegen der Rasse Spanish gezogen wurde, auf den Weg. Er verdiente seinen Lebensunterhalt mit kleinen Reparaturen oder dem Schleifen von Werkzeug. Außerdem verkaufte er Postkarten, auf denen er mitsamt seinen Ziegen dargestellt war; sie erzählen seine Lebensgeschichte.

Charles «Ches» McCartney kam 1901 in Iowa zur Welt und behauptete später, seine einzigen Kindheitsfreunde seien die Ziegen der Familie gewesen. Als er erwachsen war, zog er als Wanderprediger umher – in einem klapprigen Wagen, der von Ziegen gezogen wurde. Als Zugtiere dienten aber nur die Böcke und Kastraten; Geißen und Zicklein reisten im Wageninneren mit, und Ches konnte sich zusätzlich von der Ziegenmilch ernähren. Von 1930 bis 1968 bereiste er mit seinen Ziegen alle US-Bundesstaaten auf dem amerikanischen Festland. Während seiner Wanderjahre posierte Ches für Fotos und verkaufte viele dieser Fotos als Postkarten, die heute noch gesuchte Sammlerobjekte sind.

SAMMLERFOTOS

Fotos von Kindern mit Ziegengespann sind inzwischen beliebte Sammlerobjekte in den USA. Um 1914 brachte die Chicago Ferrotype Company ihre «Mandel-ette Postcard Camera» auf den Markt, mit der man eine Fotografie innerhalb von Minuten als Postkarte ausdrucken konnten. Diese Kamera war ideal für Straßenfotografen, die überall durchs Land zogen. Manche führten ein gesatteltes Pony oder einen Esel mit, doch viel beliebter waren die «Goat Cart Men» («Männer mit Ziegenwagen»). Sie waren bis in die frühen 1960er unterwegs. Ihre Kunden, meistens Kinder, wurden im Ziegenwagen fotografiert: glücklich, mit den Zügeln in der Hand.

Man bevorzugte Ziegen, weil sie gutmütig waren und hübsch aussahen. Meist waren es Kastraten mit mächtigen Hörnern, vor allem Angoraziegen waren beliebt. Die Straßenfotografen arbeiteten gewöhnlich in einem bestimmten Gebiet, daher kann man als Sammler oft in zahlreichen Fotos dieselbe Ziege mit ihrem Wagen erkennen. Häufig gibt auch ein Schild oder Schriftzug am Ziegenwagen Hinweise auf Entstehungsort oder -jahr des Fotos.

Für Anfänger ist es oft schwer zu entscheiden, ob das entsprechende Foto von einem Straßenfotografen aufgenommen wurde oder Kinder zeigt, die tatsächlich ihren Lebensunterhalt mit Ziegen verdienten. Ein untrügliches Zeichen sind meist die Hände: Wenn das Kind die Zügel nur locker hält und den Fotografen, nicht jedoch die Ziege anblickt, handelt es sich vermutlich um ein gestelltes Foto.

Oben *Ein Paar auf der Hochzeitsreise posiert am Strand von St. Augustine (Florida, USA) neben einer Fahrziege samt Wagen (um 1905).*

Rechts *Vergnügungsfahrt mit Ziegen im Central Park von New York (Mitte); drei Kinder sitzen auf einem einfachen, von Ziegen gezogenen Karren in Rochester, Upstate New York (unten).*

Rechts *Harry und David vom Team Snazzy – zwei Ziegen der Rasse American Cashmere, gut bemuskelt und athletisch gebaut.*

FAHR- UND ZUGZIEGEN HEUTE

Auch heute noch werden Ziegen in manchen Teilen der Welt in der Landwirtschaft eingesetzt. Daneben gewinnt aber das Kutschieren mit Ziegen als Freizeitbeschäftigung immer mehr Liebhaber. Eine gesunde, ausgewachsene Ziege kann bis zum 1,5-Fachen ihres Körpergewichts ziehen – je nach Geschirr, Fuhrwerk und der jeweiligen Aufgabe. Große, ausgewachsene Milchziegen-Mönche (Kastrate) sind angeblich die besten Fahrziegen, doch mit der richtigen Ausrüstung und Ausbildung kann jede Ziege, sogar eine Zwergziege, ein entsprechend dimensioniertes Fuhrwerk ziehen. Ein für Ziegen geeignetes Geschirr (aus Leder oder Nylon) ist nicht immer leicht zu finden: Manche Ziegenhalter fertigen daher ihr eigenes an oder verändern ein vorhandenes Geschirr.

Unten *Verschiedene Geschirr-Typen stehen zur Auswahl; die meisten Ziegenhalter bevorzugen aber ein leichtes Geschirr wie das hier dargestellte Brustblatt-Geschirr.*

Ziegen können einzeln oder im Tandem eingespannt werden. Die meisten gängigen Einachser (Karren) sind für eine Einzelziege entworfen, diese kann auch einen kleinen Zweiachser ziehen. Für schwerere Arbeit sind Teams besser geeignet.

Die meisten Anfänger beginnen mit einem Einachser-Fuhrwerk und einem Brustblatt-Geschirr. So ein Einachser lässt sich einfach kutschieren und instand halten, doch in engen Kurven kann er leicht kippen. Er muss außerdem perfekt ausbalanciert sein, um den Rücken der Ziege zu schonen. Ist das Fahrzeug im Gleichgewicht, üben die Scherbäume kaum oder keinen Druck auf den Rücken der Ziege aus. Oft ist ein Zweiachser (also ein vierrädriger Wagen) die bessere Wahl, z. B. ein leichter Buggy. Er ist wesentlich stabiler und für die Ziege angenehmer als ein schlecht ausbalancierter Einachser.

BRUSTBLATT-GESCHIRR FÜR ZIEGEN

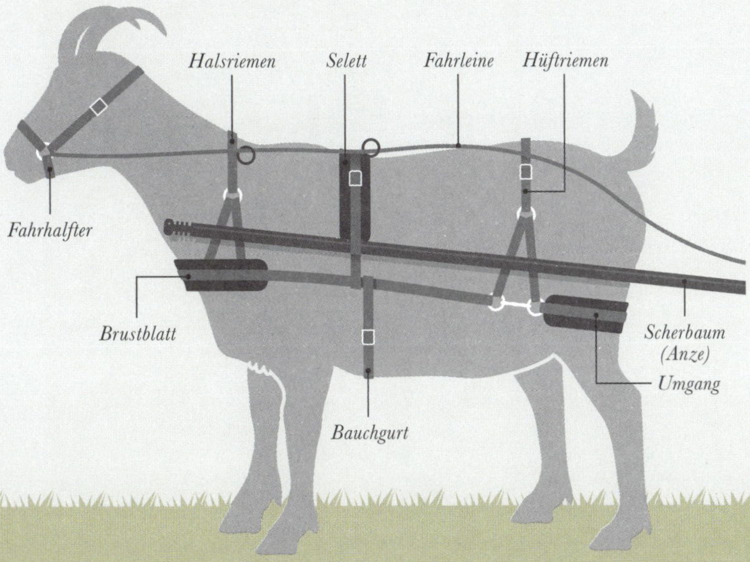

Ziegen in Mythologie & Volkskunde

Ziegen gehörten früher so sehr zum Alltagsleben, dass sie häufig auch in Religion, Sagen und Legenden eine Rolle spielten.

ZIEGEN ALS GÖTTER

Zur alten vedischen Religion (der frühesten bekannten Religion Indiens, etwa 1500–500 v. Chr.) gehört Agni: Der Gott des Feuers wurde oft mit flammendem Haar, schwarzer Haut, zwei Häuptern und vier Armen dargestellt, er sitzt auf einem schwarzen Ziegen-

Unten *Agni, in der vedischen Religion der Gott des Feuers, reitet nach mancher Auffassung auf einem schwarzen Widder, nach anderer Ansicht auf einem schwarzen Ziegenbock, wie hier dargestellt.*

WICHTIGE ZIEGEN-GOTTHEITEN

Akerbeltz (baskisch): von *aker,* «Bock», und *beltz,* «schwarz»; Schutzgott der Ziegen und anderer Tiere. Baskische Bauern hielten manchmal einen schwarzen Ziegenbock im Stall, um Akerbeltz zu huldigen und ihr Vieh zu beschützen.

Tschernobog (westslawisch): Totengott, der angeblich auf einer Ziege reitet und gelegentlich die Gestalt eines schwarzen Ziegenbocks annimmt. Seine Anhänger tragen Ziegen-Tattoos.

Dažbog, Svarožić (slawisch): Sonnengott; wurde manchmal für eine weiße Ziege gehalten.

Marduk (sumerisch): Stadtgott von Babylon, Gott der Magie; mit Ziegen assoziiert. Ziegen galten als unheimlich, da sie unter seinem Schutz standen.

Mari (baskisch): Göttin, die oft in Ziegengestalt auftrat und angeblich eine Vorliebe für schwarze Ziegenböcke hatte.

Yang Ching (chinesisch): Ziegengott, mit Ziegenkopf und Kleid aus Ziegenfell dargestellt; er schützte seine Anhänger vor wilden Tieren.

Unten *Pan, die griechische Wald- und Hirtengottheit, wurde als Mensch mit dem Unterkörper eines Ziegenbocks dargestellt.*

Oben *Thor, in der nordischen und germanischen Sagenwelt der hammerschwingende Gott des Donners, braust in einem Streitwagen, der von zwei Ziegenböcken gezogen wird, über den Himmel.*

bock. Seine bevorzugten Opfergaben waren Ziegen.

Andere Götter ritten ebenfalls auf Ziegen oder spannten sie vor ihren Streitwagen: Der bekannteste war Thor, der nordische Gott des Donners und des Krieges – sein Wagen wurde von einem Paar Ziegenböcke gezogen – Tanngnjóstr und Tanngrisnir (Zähneknirscher und Zähnefletscher). Thor konnte diese Böcke zum Abendessen schlachten, verspeisen, dann Haut und Knochen beiseitelegen und sich am nächsten Morgen an den wieder quicklebendigen Böcken erfreuen.

Auch den griechischen Göttinnen Artemis (Göttin der Jagd; bei den Römern: Diana) und Hera (Gattin des Zeus, Hüterin der Ehe; römisch: Juno) waren Ziegen heilig.

ZIEGEN-MENSCHEN & MENSCHEN-ZIEGEN

Etliche der antiken Gottheiten und Geister waren angeblich teils Mensch, teils Ziege. Wir kennen viele dieser Mischwesen aus der griechisch-römischen Mythologie. Denken wir an Pan, den griechischen Gott des Waldes und der Hirten, oder sein römisches Pendant Faunus. Beide hatten einen menschlichen Oberkörper, aber Bart, Hörner und Unterkörper eines Ziegenbocks, und oft opferte man ihnen lebendige Ziegen. Die griechischen Satyrn waren lüsterne Mischwesen mit Ohren, Hörnern und Schwanz eines Ziegenbocks; im Theater wurden sie durch Schauspieler mit Ziegenfellkostüm dargestellt. Die griechischen

Panen, bei den Römern als Faune bezeichnet, galten manchmal als Söhne des Pan/Faunus. Sie waren Waldgeister und wie ihr Vater Mischwesen zwischen Ziege und Mensch.

Auch in der Sagenwelt der Britischen Inseln gibt es etliche Wesen, die teilweise oder gänzlich Ziegengestalt annehmen.

Puck war ein unter Umständen boshafter bockfüßiger Kobold, der den Menschen manchmal half, manchmal aber auch Streiche spielte. Am bekanntesten ist die Figur des Puck in William Shakespeares Komödie «Ein Sommernachtstraum».

Aus Schottland kennen wir die Glaistig, eine Wassernixe mit Ziegenbeinen. Solange man sie nicht ärgerte, half sie den Bauern beim Viehhüten und wachte über Kinder und Alte. Schottland war auch die Heimat der Urisks oder Brownies, die ebenfalls gerne Vieh hüteten und den Menschen bei der täglichen Arbeit halfen, vergleichbar mit unseren Heinzelmännchen. Brownies werden oft mit einem menschlichen Oberkörper und dem Unterkörper einer Ziege dargestellt.

Links *Pan mit seiner typischen Flöte, hier auf einem Stich des britischen Künstlers Frederic Leighton (1862). Im 18. und 19. Jh. war Pan ein beliebtes Motiv der bildenden Kunst.*

AMALTHEIA

Nach der griechischen Mythologie säugte die Ziege Amaltheia den Knaben Zeus in einer Höhle des Aigaischen Gebirges auf Kreta. Beim Spiel soll der Kleine ihr ein Horn abgebrochen haben, das später zum sogenannten Füllhorn wurde. Nach Amaltheias Tod behielt Zeus ihr Fell, die Aigis (vom altgriech. Wortstamm *aeg-/aig-*, «Ziege»), das später als Schutzschild der Athene diente. Amaltheia selbst versetzte er als Capella (Zicklein) ins Sternbild Fuhrmann.

In Wales gab es weibliche Geister namens Gwyllion, die ebenfalls Ziegengestalt annahmen. Angeblich besuchten sie Freitagnacht die Ziegenböcke im Stall und kämmten deren Bart, damit diese für den Sonntag gut aussahen.

DER JULBOCK

In Skandinavien und dem restlichen Nordeuropa gehört der Julbock seit weit über tausend Jahren zum winterlichen Brauchtum der Sonnwendzeit. (*Julbock* ist abgeleitet von schwedisch *jul*, «Fest», heutige Bedeutung «Weihnachten», und *bock*, «Ziegenbock».) Es handelte sich ursprünglich um Fruchtbarkeitsriten, die mit dem Gott Thor in Verbindung standen (siehe S. 143). Christliche Missionare, die von diesen heidnischen Bräuchen nicht angetan waren, «degradierten» den Julbock zum Dämon. Später wandelte er sich aber zu einem freundlichen Wesen und wird oft als Zugtier vor dem Schlitten der Weihnachtswichtel dargestellt.

Der Julbock aus Stroh, geschmückt mit rotem Band, ist inzwischen (nicht nur in Skandinavien) zum beliebten Weihnachtsschmuck geworden, und an vielen Orten stellt man große *Julbocken* auf. Der größte und älteste Strohbock wird Jahr für Jahr in Gävle (Mittelschweden) errichtet; dabei werden etwa 1200 m Kiefernholz verbaut.

Oben *Die Tradition der Gävlebocken begann in den 1960ern: Sie werden immer am 1. Adventssonntag auf dem Schlossplatz der schwedischen Stadt Gävle aufgestellt; berühmt ist vor allem der große Gävlebock.*

Links *Jenny Nyström und andere skandinavische Künstler trugen im frühen 20. Jh. zur Popularisierung des Julbocks und seiner Gehilfen (Jultomten) bei, indem sie unzählige zauberhafte Weihnachtskarten entwarfen, die heute begehrte Sammlerobjekte sind.*

Ziegen als Opfergabe

Zu den wichtigen Riten vieler Religionen gehören seit dem Altertum Opfergaben für die Gottheiten: um sie zu beschwichtigen, gewogen zu stimmen oder als Dank für Gefälligkeiten. Bei den Tieropfern handelte es sich in vielen Fällen um Ziegen.

GRIECHISCHE & RÖMISCHE ANTIKE

Die Anhänger von Dionysus, Apollo und Aphrodite opferten ihren Gottheiten Ziegen – im Gegensatz zu den Verehrern der Artemis (Diana) und Hera (Juno), denn Ziegen waren diesen Göttinnen heilig (siehe S. 143). Die Ziegen wurden gewaschen, mit Bändern geschmückt und in einer Prozession zum Tempel gebracht. Am Altar goss man Wasser über den Kopf der Ziege, damit sie nickte und dadurch dem Opfer zustimmte; anschließend schnitt der Priester ihr geschickt die Kehle durch. Manchmal war die Zahl der Opfertiere sehr hoch: So versprachen die Athener vor der Schlacht bei Marathon (490 v. Chr.), so viele Ziegen zu opfern, wie Perser erschlagen würden, und brachten bis zum Erreichen der Opferzahl Jahr für Jahr 500 Ziegen zum Opfer dar – 90 Jahre später fand das Ritual immer noch statt.

HINDUISMUS

In der vedischen Zeit (etwa 1500–500 v. Chr.) waren Ziegenopfer für alle Hindugötter und -göttinnen üblich. In der Bhagavad Gita (etwa 5.–2. Jh. v. Chr.) wurden jedoch alle Tieropfer verboten. Abgesehen von Nepal und einigen östlichen indischen Bundesstaaten werden Tieropfer daher heute nur selten praktiziert.

Oben und unten ***Das römische Fest der Lupercalien fand im Lupercal statt, der Grotte, wo die Wölfin angeblich Romulus und Remus gesäugt hatte. Man opferte einen Hund und eine Ziege.***

Das Darbringen einer Huldigungsgabe *(bali)* wird heute noch von bestimmten Anhängern der «großen Mutter» *(Shakti)* praktiziert; Letztere kann viele Formen annehmen und zum Beispiel als Göttin Durga auftreten. Nach wie vor werden sehr viele Ziegen zu Dashain geopfert, dem 15-tägigen Fest, mit dem man Durgas Sieg über einen Wasserbüffel-Dämon feiert. Man malt den Ziegen einen roten Punkt *(tika)* auf die Stirn, bevor der Kopf mit einem einzigen Hieb abgeschlagen wird.

JUDENTUM & CHRISTENTUM

Aus der hebräischen Tora und dem Alten Testament der christlichen Bibel wissen wir, dass Ziegen beliebte Opfertiere dieser Religionen waren. Im Buch Leviticus finden sich genaue Anweisungen für die Opferzeremonie und die Verwendung der Tiere beziehungsweise Tierteile. Die Tora liefert auch genauere Angaben zum Opfertier *(gorban)*: Es musste männlich und koscher sein (Ziegenbock, Widder, Stier und Taube), aber nicht unrein wie das Schwein; außerdem musste es nach jüdischem Ritual geschächtet werden (dabei macht man mit einem Spezialmesser einen raschen, kräftigen Schnitt quer durch die Halsunterseite, sodass Luft- und Speiseröhre sowie Hauptblutgefäße durchtrennt werden).

ISLAM

Qurbani, die rituelle Opferung eines Nutztiers, wird während des Opferfests Eid al-Adha durchgeführt. Das Opferfest erinnert an Ibrahims Bereitschaft, Allah zu gehorchen und seinen Sohn zu opfern. Es werden viele Tiere wie Schafe, Rinder und Kamele dargebracht, doch der Ziegenanteil an den Tieropfern ist so hoch, dass das Fest auf Urdu auch als Bakra-Eid («Ziegen-Fest») bezeichnet wird.

Oben ***Ziegen werden an Eid al-Adha besonders gerne als Opfertier für Allah gewählt. Meistens werden die Tiere von den Familien, die sie später schlachten, selbst aufgezogen – es handelt sich also um ein echtes Opfer.***

Jedes Tier wird außer Sicht- und Hörweite anderer Tiere mit einem besonders scharfen Messer geschächtet; das Fleisch wird anschließend in drei gleiche Portionen geteilt: eine für die Familie des Besitzers, eine für Verwandte und Freunde und eine für die Armen.

SANTERÍA

Das Tieropfer *(eyebale)* ist ein wichtiges Element der Santería und markiert Lebensereignisse wie Geburten, Heiraten und Todesfälle. Meistens wird Geflügel geopfert, doch bei besonderen Gelegenheiten verwendet man auch größere Tiere wie Ziegen. Sie werden mit einem einzigen Schnitt durch die Halsschlagader getötet, und das Fleisch wird als Akt der Verbundenheit mit den Geisterwesen verzehrt.

Maskottchen im Militär

Immer schon dienten Tiere als Maskottchen beim Militär; Ziegen waren darin keine Ausnahme. Lange Zeit hatten «Schiffsziegen» in der Marine Tradition, aber auch die anderen Truppenteile hatten und haben Ziegen (meistens Böcke) als Maskottchen gehalten – einige haben es zu großer Berühmtheit gebracht.

GEFREITER BILL

Zu Beginn des 1. Weltkriegs traf eine Rekruteneinheit der Canadian Expeditionary Force auf dem Marsch durch Saskatchewan auf ein junges Mädchen namens Daisy Curwain samt Ziegenbock Bill. Sie überließ den Soldaten Bill als Maskottchen, und der Bock gelangte mit der Truppe an Bord der SS *Lapland* nach England.

Als die Kanadier anschließend nach Frankreich verlegt werden sollten, musste der Bock zurückbleiben, und Gefreiter Harold Baldwin erinnerte sich später: «Wir konnten

Oben *Britische Soldaten mit ihrer Regimentsziege an der Westfront im 1. Weltkrieg.*

Links *«Pitch», die Schiffsziege, spielt etwa 1899 mit dem Sohn von Admiral William T. Sampson an Bord der USS New York.*

Bill nicht zurücklassen, denn die Soldaten argumentierten, man könne zwar ohne größere Schwierigkeiten an einen anderen Oberst kommen, doch die Rocky Mountains seien zu weit weg, um dort eine andere Ziege zu besorgen.» Daher wurde Bill bis zur Front geschmuggelt und zeichnete sich dort in vielen Gefechten aus. Nach der Zweiten Ypernschlacht fand man Bill in einem Granatentrichter, wo er einen preußischen Soldaten bewachte, obwohl er selbst am Hals verwundet war. Er litt später unter «Grabenfuß» und Granatenschock und wurde bei Festubert verwundet. Dort beförderte er drei Soldaten mit einem Kopfstoß in den Graben – gerade rechtzeitig, bevor eine Granate an der Stelle explodierte, wo sie zuvor gestanden hatten.

Bill verbrachte einen Großteil seiner viereinhalb aktiven Dienstjahre in Frankreich und Belgien und wurde schließlich zum Gefreiten befördert. Ferner wurde er mit dem 1914–1915 Star, der British War Medal und der Victory Medal ausgezeichnet, bevor er schließlich wieder zu Daisy Curwain gelangte. Heute nimmt sein ausgestopfter Körper einen Ehrenplatz im Broadview Museum in Saskatchewan ein.

WILLIAM DE GOAT

Der berühmteste Truppen-Ziegenbock des 2. Weltkriegs war vermutlich Air Commodore William de Goat, das Maskottchen der britischen 609 West Riding Squadron. Er gehörte 1944 zu den ersten Mitgliedern seiner Einheit, die in Frankreich landeten. Das Geschwader wurde dann in die Niederlande und später nach Deutschland verlegt. William bestand viele Abenteuer, er wurde entführt, verzehrte wichtige Unterlagen und brachte sich beinahe selbst um, als er von der giftigen Farbe kostete, mit der seine Hörner angemalt wurden.

In Anerkennung seiner Dienstzeit wurde William mit dem Distinguished Service Order (DSO) und dem Flying Cross ausgezeichnet, und er stieg im Laufe des Krieges im Rang weiter auf. Seine Beförderung zum Wing Commander («Winco», Geschwader-Kommandeur) feierte er, indem er 30 Zigaretten und zwei Chrysanthementöpfe verzehrte, ferner die Rechnung des Winco fürs Offizierskasino. Schließlich war er zum ranghöchsten Offizier des ganzen Geschwaders avanciert, woraufhin der Winco vor jedem Lufteinsatz vor William salutierte.

Oben *Ein Pilot der britischen Royal Air Force versucht 1943 einen widerspenstigen «Wing Commander Billy» zum Spaziergang auf dem Luftwaffenstützpunkt RAF Manston (Kent, England) zu bewegen.*

ZIEGEN UND THE ROYAL WELCH

Die Tradition der Regimentsmaskottchen ist in der britischen Armee seit Langem verbreitet – sie sollen im Kriegsfall die Moral der Truppe heben und haben in Friedenszeiten zeremonielle Funktionen. Offizielle Maskottchen werden aus öffentlichen Mitteln bezahlt; sie gelten als reguläres britisches Regimentsmitglied mit Nummer und Rang und können je nach Verhalten befördert oder degradiert werden. Ziegen waren als Maskottchen immer beliebt – am berühmtesten waren vermutlich die Regimentsziegenböcke der Royal Welch.

Schon im späten 18. Jahrhundert wurden die Royal Welch Fusiliers (so ihr damaliger Name) bei der Parade von einer geschmückten gehörnten Ziege angeführt: Königin Victoria schenkte dem Regiment 1844 eine Kaschmirziege aus ihrer eigenen Herde in Windsor-Park (siehe S. 132) als Maskottchen; 1862 wiederholte sie die Geste für das Welch Regiment of Infantry. Als 1881 schließlich The Welch Regiment gegründet wurde, nahm es denselben Brauch auf. So begann eine Tradition der Regimentsmaskottchen, die falls möglich aus der königlichen Herde stammten und immer denselben Namen wie ihr Vorgänger trugen.

Durch eine Reorganisation (2006) wurden alle walisischen Regimenter zu The Royal Welch zusammengefasst; das Regiment besitzt heute zwei Ziegenmaskottchen – Llywelyn dient beim 1. Bataillon und Shenkin beim 3. Bataillon. Immer wenn ein Maskottchen stirbt, wird die Königin benachrichtigt und darum gebeten, einen Ersatz aus ihrer Ziegenherde auswählen zu dürfen – mittlerweile aus der Herde von Great Orme in Llandudno (Wales), einer Herde mit «Windsor-Blut» (siehe S. 27). Die meisten Maskottchen sind Böcke, doch der gegenwärtige Shenkin (Shenkin IV.) ist ein «Mönch».

Links *Weiße Kaschmirziegen sind seit Langem beliebte Maskottchen der verschiedenen walisischen Regimenter. Hier im Bild Billy von den Royal Welch Fusiliers, fotografiert am St. David's Day 1951.*

Unten *Shenkin II. vom 3. Bataillon der Royal Welch, zusammen mit seinem Wärter Goat Major Mark Jackson.*

ZIEGEN UND BIER

Bockbier ist ein Starkbier, das ursprünglich aus der niedersächsischen Stadt Einbeck stammt. Die Herzöge von Bayern ließen sich seit 1555 Bier aus Einbeck nach München liefern, und aus dem «Ainpöckisch Bier» wurde im Lauf der Zeit das Bockbier. Das Wort «Bock» bedeutet aber gleichzeitig Ziegenbock, und so kam es zur Verbindung zwischen Bier und Ziege: seit Mitte des 19. Jahrhunderts auch auf den Bieretiketten.

Besonders starke Bockbiere werden als Doppelbock bezeichnet. Weitere Variationen der Bockbiere sind der Weizenbock oder der Eisbock.

Im Französischen hat sich die abgekürzte Form «un bock» sogar als Bezeichnung für ein Bierglas schlechthin durchgesetzt; und ein Bierdeckel wird auch «sous-bock» (franz. *sous* = unter) genannt.

Die Maskottchen besitzen im Bataillon den Rang eines Füsiliers und haben ihren eigenen Trainer und Wärter (den «Goat Major»). Allerdings wurde das traditionelle Zusatzfutter von 2 Zigaretten (zum Fressen) und 1 Flasche Guinness pro Tag inzwischen abgeschafft!

Die Regimentsböcke begleiteten ihr Bataillon früher auch im aktiven Dienst und wurden wie Sergeant Bill und William de Goat mit den entsprechenden Ehrenzeichen dekoriert, doch dies fand 1951 mit dem Koreakrieg ein Ende. Heute führen die beiden Maskottchen der Royal Welch das Regiment bei Paraden an und wirken als Botschafter des Regiments.

Rechts *Eines der walisischen Regimenter im Jahr 1918: Eine weiße Kaschmirziege führt die Parade an; diese Tradition ist auch heute noch bei The Royal Welch lebendig.*

Ziegen & Musikinstrumente

Heute werden Musikinstrumente meist aus synthetischem Material hergestellt, doch früher verwendete man oft die Häute oder Hörner von Ziegen.

SACKPFEIFEN

Kaum jemand denkt bei einer Sackpfeife, auch Dudelsack genannt, an Ziegen, doch ursprünglich bestand der Luftsack dieser Musikinstrumente aus einem Ziegenbalg (was im Namen Bockpfeife anklingt) – manchmal mit, manchmal ohne das Haar. Gelegentlich zeigt die Fellseite, wie bei der griechischen Tsambouna, auch nach innen, um die Feuchtigkeit im Luftsack besser zu regulieren.

In Polen heißt der Dudelsack Dudy oder *kozioł* (polnisch «Ziegenbock»), und in der Region Lubusk sind zwei Dudelsacktypen mit tiefem Klang üblich: das *kozioł biały* («weiße Ziege») mit einem Luftsack aus weißem Ziegenbalg und Fellseite nach außen, ferner das kleinere *kozioł czarny* («schwarze Ziege») aus einem haarlosen, schwarzen Ziegenbalg. Das obere Ende der Spielpfeife ist bei beiden Typen mit einem geschnitzten Ziegenkopf verziert.

Auch der «Bock» ist eine traditionelle Sackpfeife aus Mitteleuropa, er wird heute fast nur mehr in der Region Chodsko in Tschechien hergestellt; der Luftsack besteht aus einem Ziegenbalg. Der Zierkopf ist oft ein aufwendig geschnitzter Ziegenkopf.

Unten links *Ein polnischer Dudelsackpfeifer auf einem Stich aus dem 18. Jh. Bei Ethno-Instrumenten besteht der Luftsack meist aus Ziegen- oder Schafsfell, manchmal mit der Fellseite nach innen.*

Unten rechts *Diese Ziegenbälge sollen zu Sackpfeifen verarbeitet werden. Da Ziegenhaut dünn, aber stark ist, gilt sie als bestens geeignet für den Luftsack.*

DER «ZIEGEN-BASS»

Der Ziegen-Bass oder *kozobas* ist ein Streich- und Perkussionsinstrument, das in den 1960er-Jahren entstand und in der modernen ukrainischen Folkmusik eingesetzt wird. Es besteht aus einer Trommel als Korpus, einem langen Hals mit Griffbrett und einem Kopf, dessen oberes Ende als Ziegenkopf ausgeführt ist. Zahyney Volodymyr, Mitglied der bekannten ukrainischen «Ukrabilly»-Folkband Ot Vinta, spielt eine raffinierte elektrische Version der Kozobas.

TROMMELN

In vielen Teilen der Welt werden Trommeln traditionell mit Ziegenhaut als Schwingungsmembran («Fell») bespannt. Der Korpus der Trommel kann in Form und Material stark variieren. Bekannte Rahmentrommeln (kreisrund, breiter als hoch) sind die irische Bodhrán und die walisische Tabor. Die Darbuka, die von Nordafrika bis in den Nahen Osten verbreitet ist, die westafrikanische Djembe und die persische Tombak sind Bechertrommeln (aufrecht stehend, mit becherförmigem Korpus). Eine typische Röhrentrommel ist schließlich die Dhol aus Indien und Pakistan.

DAS BUKKEHORN

Seit Jahrtausenden hat man aus Ziegenhörnern Signalhörner gefertigt, dazu gehörte ursprünglich auch das altskandinavische Bukkehorn («Bockshorn»). Bereits in der Nordischen Bronzezeit (1700–500 v. Chr.) versah man das einfache Signalhorn in Norwegen mit Grifflöchern, sodass es zum Musikinstrument wurde. Etwa um 1700 entwickelte man ferner eine Version mit Rohrblatt, die sich wie eine Klarinette spielen lässt.

Oben *Das Bukkehorn, ein Beispiel für etliche Blasinstrumente aus Ziegenhorn. Sogar der Schofar (rituelles Blasinstrument in Synagogen) wird gelegentlich aus Ziegenhorn gefertigt.*

Unten *Ziegenhaut eignet sich sehr gut als Schwingungsmembran («Fell») für Trommeln, im Bild eine Darbuka. Doch auch bei anderen Instrumenten verwendet man Ziegenhaut als Membran, z. B. bei Zupfinstrumenten wie dem Banjo.*

FOLKSONGS

Es gibt zahllose Volkslieder, die von Ziegen handeln. Im englischen Sprachraum ist besonders «Paddy McGinty's Goat» bekannt: ein Lied mit etlichen Strophen, das 1917 von den beiden Engländern Bert Lee und R. P. Weston verfasst und vom amerikanischen Duo The Two Bobs aufgeführt wurde. Später (1964) nahm der irische Sänger Val Doonican das Lied auf Schallplatte auf, und es wurde ein internationaler Hit. Hier ist die erste Strophe:

«Paddy McGinty gewann einen Preis,

der Ire war glücklich und kauft sich 'ne Geiß.

‚Jetzt kann ich sie melken und hab' genug Milch.'

Doch zuhause bemerkt er, es war nur ein Knilch.»

Ziegen in der Populärkultur

In der Popkultur spielen Ziegen seit Langem eine wichtige Rolle – in Büchern, Cartoons, Filmen und mehr. Doch sie waren niemals «populärer» als heute, wenn man berücksichtigt, wie häufig sie inzwischen in den sozialen Medien auftauchen: Tiere mit hohem Bekanntheitsgrad haben auf YouTube, Instagram oder Facebook oft extrem viele Follower!

Links *Im Lauf der letzten Jahrzehnte sind Ziegen regelmäßig in Filmen oder Fernsehserien aufgetreten.*

Unten *In Kinderbüchern sind Ziegen schon seit Langem anzutreffen (eine Auswahl an Titeln findet sich auf S. 157).*

Ganz Links *Sparky, die kleine Ziege, Star im Broadway-Revival des Musicals «Once on this Island».*

Links *Auch in sozialen Medien treten immer mehr Ziegen auf, ein Zeichen ihrer zunehmenden Popularität.*

BERÜHMTE ZIEGEN IM ECHTEN LEBEN

Happi: Eine Nigerian Dwarf, die am 4. März 2012 den Guinness-Weltrekord für die weiteste Strecke aufstellte (36 m), die eine Ziege je mit dem Skateboard zurückgelegt hatte. Sie wäre noch weiter gekommen, wenn sie nicht gegen eine Parkplatzabsperrung geprallt wäre.

Lucy: Eine American Pygmy, die am 12. März 2006 sechs Kitze zur Welt brachte – laut dem Guinness-Buch der Rekorde ist das für Ziegen der größte jemals nachgewiesene Wurf.

Nanny und Nanko: Tad Lincolns Ziegen, die beim (und manchmal im) Weißen Haus lebten, während Tads Vater, Abraham Lincoln, Präsident war (1861–1865).

Nirmala: Die Ziege, die Mahatma Gandhi (1869–1948) überall hin begleitete und ihn jeden Tag mit frischer Milch versorgte (siehe unten).

Mastana: Eine riesige, schwarz-weiße Beetal-Ziege von 300 kg, die 2018 bei der Ziegenschau in Faisalabad (Pakistan) zur schwersten Ziege der Welt erklärt wurde.

Whiskers: Russell Harrisons zahme Ziege (siehe oben), die beim Weißen Haus lebte, als Russells Vater, Benjamin Harrison, Präsident war (1889–1893).

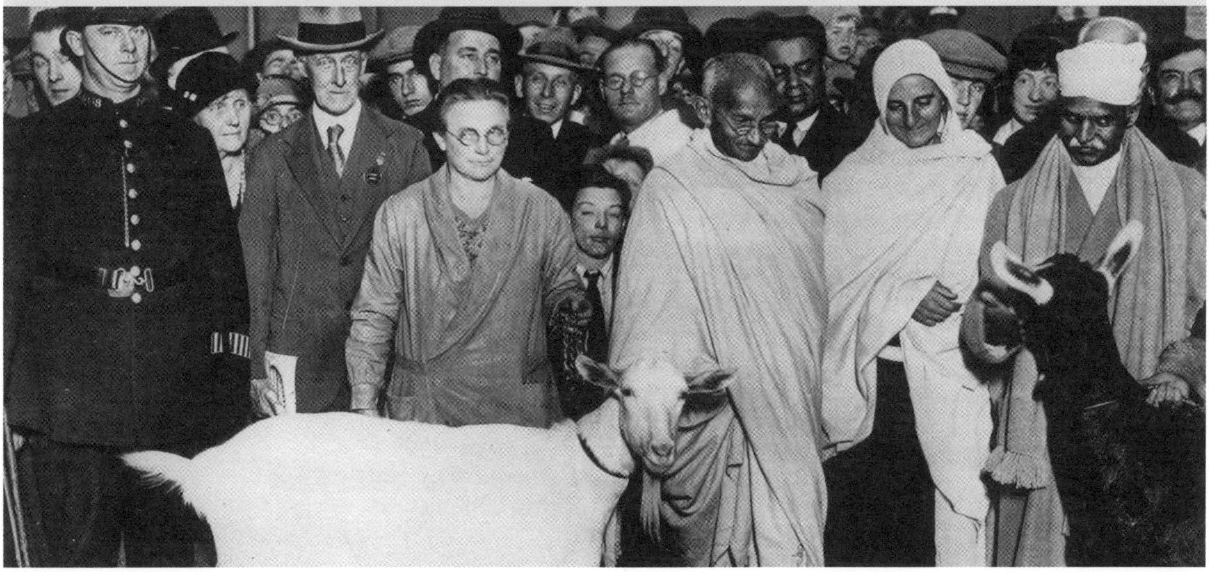

ALS MASKOTTCHEN IM SPORT

Ziegen dienen relativ selten als Maskottchen von Sportmannschaften, doch eine berühmte Ausnahme ist der 1. FC (Fußball-Club) Köln mit seinem Ziegenbock «Hennes» (siehe rechts). Hennes I. wurde dem Club 1950 geschenkt und nach dem Trainer Hennes (Hans) Weisweiler benannt. Geißbock Hennes wurde sofort zum Liebling der Fans; sein Konterfei wurde Teil des Vereinslogos und inspirierte auch den Spitznamen der Mannschaft, «Die Geißböcke». Wenn das Maskottchen in «Rente» geht oder stirbt, heißt der nächste Bock wieder Hennes; seit 2019 ist Hennes IX. im Amt. Der Bock begleitet den 1. FC zu ausgewählten Spielen, ansonsten lebt er im Kölner Zoo.

Bekannt ist auch «Bill the Goat», seit 1893 das Maskottchen der Football-Mannschaft der US Naval Academy. Seit 1905 sind die meisten Bills Angoraböcke. Am berühmtesten war Bill IV. (1906–1912) mit dem Beinamen «Three-to-Nothing Jack Dalton». Er erhielt seinen Beinamen nach dem Spieler Jack Dalton, der das gegnerische Team zweimal mit 3:0 besiegte (engl. *three to nothing*, «drei zu null»).

ZIEGEN IN FILM & FERNSEHEN

Chompy die Ziege – das weiße Stadtmaskottchen aus der Nickelodeon-Cartoon-Serie «Cosmo & Wanda – Wenn Elfen helfen» (2001–2017).

Djali – Esmeraldas tapfere Ziege im Disney-Film «Der Glöckner von Notre Dame» (1996; siehe Bild).

Franny – die gewitzte weiße Saanenziege im Film «Im Rennstall ist das Zebra los» (2005; in der Synchronisation gesprochen von Iris Berben).

Japeth – die ständig singende Ziege in den Animationsfilmen «Die Rotkäppchen-Verschwörung» (2005) und «Das Rotkäppchen-Ultimatum» (2011).

Jeb – der mürrische Ziegenbock im Disney-Film «Die Kühe sind los» (2004).

Mona – die heilige Dorfziege in der südafrikanischen Komödie «Max & Mona» (2004).

ZIEGEN IN KINDERBÜCHERN

«A Hat Full of Sky» («Ein Hut voller Sterne»; Terry Pratchett, 2004): Ein «Scheibenwelt-Roman» mit einer Geiß namens Black Meg und dem Bock Stinky Sam.

«Arashi no Yoru ni» (etwa «Eine stürmische Nacht»; Yuichi Kimura (Autor), Hiroshi Abe (Illustrator), 1994): Erster Teil einer Bilderbuchreihe mit der Ziege Mei und ihrem Freund Gabu, dem Wolf.

«Billy Whiskers: The Autobiography of a Goat» (etwa «Billy Schnurbart. Die Autobiographie einer Ziege»; Frances Trego Montgomery, 1903): Erstes aus einer Reihe von etwa einem Dutzend Büchern.

«De tre bukkene Bruse» («Die drei Böcke Brausewind»; P. Chr. Asbjørnsen, J. Moe, 1842): Norwegisches Volksmärchen, in dem drei Ziegenböcke über eine Brücke gehen müssen, die von einem Troll bewacht wird (siehe unten).

«Der Wolf und die sieben Geißlein» (Gebrüder Grimm, 1812): Die Ziegenmutter geht auf Futtersuche und warnt ihre Zicklein davor, dem bösen Wolf, der sie fressen will, die Tür zu öffnen (siehe oben).

«Gandiv» (Hariprasad Vyas, 1936–1955): Kindergeschichten um Bakor Patel, einen gutmütigen Geschäftsmann in Ziegengestalt; erschienen in der Halbmonatsschrift Gandiv.

«Heidi» (Johanna Spyri, 1880): Das berühmte Kinderbuch mit den Ziegen Bärli, Schwänli, Türk, Schneehöppli und anderen.

«Huck Runs Amuck!» (etwa «Huck läuft Amok!»; Sean Taylor (Autor), Peter H. Reynolds (Illustrator), 2011): Die Hauptfigur ist eine Blumen liebende Ziege.

«Klods-Hans» («Tölpel-Hans»; Hans Christian Andersen, 1855): Tölpel-Hans reitet auf einem Ziegenbock zum Königsschloss, um die Prinzessin zu freien.

«Zlateh the Goat and Other Stories» («Zlateh die Geiß und andere Geschichten»; Isaac Bashevis Singer, 1966): Eine ältere Geiß rettet einem Jungen in einem Schneesturm das Leben.

«Zottel, Zick und Zwerg. Eine Geschichte von drei Geissen» (Alois Carigiet, 1965): Die Suche eines jungen Ziegenhirten nach drei entlaufenen Ziegen.

Ziegen-Zitate & -Sprichwörter

ZITATE

„Es ist aus Erfahrungen bekannt, dass alle Ziegen den Menschen von Natur zugetan sind, und nicht einmal in öden Gegenden eine merkliche Wildheit annehmen. Im Jahr 1698, als ein englisches Schiff an der Insel Bonavista landete, kamen zween Schwarze an Bord, um den Engelländern unentgeltlich so viel Böcke anzubieten, als ihnen mit sich zu nehmen belieben würde. Der Schiffskapitän äußerte über ein so unerwartetes Anerbieten seine Verwunderung, die sich aber bald verlor, da er … erfuhr, dass auf der ganzen Insel mehr nicht als 12 Personen sich aufhielten, welche von der anwachsenden Menge der Ziegen und Böcke wirklich überlästigt würden. Man fügte hinzu, dass es gar nicht schwer hielte, sie zu greifen, weil sie, gleich anderen Haustieren, den Menschen hartnäckig folgten."

GEORGES-LOUIS LECLERC DE BUFFON,
«Naturgeschichte der vierfüßigen Tiere», Band 2 (1773)

„Alle Arten lieben die Geselligkeit. Sie sind bewegliche, lebendige, unruhige, kluge und neckische Thiere. Ohne Unterlaß laufen und springen sie umher; nur während des Wiederkäuens liegen sie ruhig an einer und derselben Stelle. … Obwohl thätig bei Tage und Nacht, geben sie doch dem Tage den Vorzug. Ihre Eigenschaften offenbaren sich bei jeder Gelegenheit. Sie sind überaus geschickt im Klettern und Springen und bekunden dabei einen Muth, eine Berechnung und eine Entschiedenheit, welche ihnen große Ehre machen. … Sie besitzen eine verhältnismäßig ungeheure Kraft und eine wunderbare Ausdauer … Neckisch und spiellustig unter sich, zeigen sie sich vorsichtig und scheu anderen Geschöpfen gegenüber und fliehen gewöhnlich bei dem geringsten Lärm, obwohl man nicht eben behaupten darf, daß es die Furcht ist, welche sie in die Flucht schreckt; denn im Nothfalle kämpfen sie muthig und tapfer und mit einer gewissen Rauflust, welche ihnen sehr gut ansteht."

ALFRED EDMUND BREHM,
«Brehms Tierleben», Band 1.3 – Säugetiere (1877)

„Wenn man eine einzige Ziege an der Spitze ihres Bartes anfasst – dieser hat die Gestalt von langen Haaren – so bleiben die anderen wie verdutzt stille stehen und sehen alle auf jene hin."

ARISTOTELES, «Historia animalium», Buch IX (4. Jh. v. Chr.)
(deutsch: «Aristoteles Thierkunde», 1868)

SPRICHWÖRTER

Hörner wiegen für eine Ziege nicht schwer.
ÄTHIOPIEN

Die Ziege, die am lautesten meckert, gibt die wenigste Milch.
DEUTSCHLAND

Falls du keine Sorgen hast, besorg dir eine Ziege.
FINNLAND

Wo die Ziege angebunden ist, da muss sie grasen.
FRANKREICH

Sogar die geringste Ziege ist nützlich.
HAITI

Der kleine Bock hat einen Bart, der große nicht. (Lass dich nicht durch Äußerlichkeiten ablenken!)
JAMAIKA

Die Ziege mit den langen Hörnern wird immer des Stoßens beschuldigt, selbst wenn sie unschuldig ist.
MALAYSIA

Eine alte Ziege lernt niemals zu tanzen.
MAROKKO

Ein kluger Mann macht nicht den Bock zum Gärtner.
UNGARN

Je mehr der Bock stinkt, desto mehr liebt ihn die Geiß.
WALLONIEN

KAPITEL 6

Verzeichnis einiger Ziegenrassen

Wie Rassen entstehen

Eine Rasse ist eine definierte Gruppe von Tieren, die recht ähnlich aussehen, sich ziemlich ähnlich verhalten oder andere Merkmale besitzen, durch die sie sich von anderen Tieren derselben Art (Spezies) unterscheiden. Rassen entstehen durch Anpassung an ihre Umwelt (Landrassen und verwilderte Populationen) oder durch planmäßige Züchtung (veredelte Rassen und Reinzuchtrassen). Wenn Individuen derselben Rasse miteinander gekreuzt (verpaart) werden, geben sie ihre charakteristischen Merkmale an ihre Nachkommen weiter – diese Anforderung gilt für jede Rasse.

Bei Landrassen, auch als Primitiv- oder Naturrasse bezeichnet, handelt es sich um domestizierte traditionelle Nutztiertypen, die sich im Lauf der Zeit durch Anpassung an ihre Umwelt (Klima, Krankheiten, Parasiten und Haltungsbedingungen) isoliert von anderen Typen entwickelt haben. Sie stammen aus einem bestimmten geografischen Gebiet und sind genetisch zwar ähnlich, aber physisch nicht so uniform, wie es bei standardisierten Rassen der Fall ist. Landrassen sind nicht durch planmäßige Selektion in Hinblick auf Körperbau, Farbe, Größe oder andere Merkmale entstanden. Bei den Ziegen zählen u. a. Islandziege, Lappget, San Clemente, Spanish sowie Old English und Old Irish Goat zu den Landrassen. Einige standardisierte, veredelte Rassen stammen von Landrassen ab; manchmal ist «Land-» noch als Namensbestandteil erhalten, wie bei der Nederlandse Landgeit (Niederländische Landziege) oder der Svensk Lantrasget (Schwedische Landrasseziege), obwohl diese Rassen keine echten Landrassen mehr sind.

Verwilderte Ziegen stammen von Hausziegen ab, die in die freie Natur zurückgekehrt sind und sich dort ohne menschliches Zutun vermehrt haben. Verwilderte Populationen, die über relativ lange Zeit isoliert und ohne Einfluss von neuem Genmaterial existieren, können nach Ansicht mancher Autoren sogar als eigene Rasse gelten. Ein Beispiel sind die

Unten *Die Nederlandse Landgeit (Niederländische Landziege) zählt zu den Ziegenrassen, bei deren Zucht andere Rassen kaum oder keinen Einfluss hatten. Weitere europäische Beispiele sind Islandziege, Lappget und Svensk Lantrasget (Schwedische Landrasseziege).*

verschiedenen Typen von verwilderten Ziegen auf den Britischen Inseln: die Lynton Goats in Devon (England), die Kaschmirziegenherde in New Orme (Llandudno, Wales) und die Bilberry Goats in Waterford (Republik Irland).

Die meisten Rasseziegen gehören einheitlichen, veredelten Rassen mit Herdbuch und Rassestandard an: Letzterer definiert äußere Merkmale und Leistung von «idealen» Individuen der Rasse und schreibt diesen Standard genau fest. Rasseziegen werden gezielt auf bestimmte Merkmale wie Bemuskelung, Milchleistung oder Faserqualität gezüchtet. Nur die besten Individuen werden zur Weiterzucht eingesetzt. Dadurch kommt es zu einem Verlust der genetischen Diversität (Vielfalt), aber einer Zunahme an Uniformität. Im Rahmen des Zuchtprogramms achtet man auch auf spezifische Gesundheitsprobleme einer Rasse – bei der Nubier-Ziege zum Beispiel auf die Mukopolysaccharidose Typ III, eine Erbkrankheit, die zu verzögerter motorischer Entwicklung, Wachstumsstörungen und frühzeitigem Tod führt. In einem verantwortungsvollen Zuchtprogramm vermeidet man ferner Defekte, die sich bei der Selektion auf «erwünschte» Merkmale ergeben können: Nehmen wir eine extreme Ramsnase bei Burenziegen; sie kann zum starken Unterbiss mit Zahnfehlstellungen führen.

ALTE/SELTENE RASSEN

Viele traditionelle, weniger produktive Nutztierrassen wären in den 1950er-Jahren fast verschwunden, als man sie durch neue, verbesserte Hochleistungsrassen ersetzte, z. B. das Holsteinrind oder auch die modernen Schweizer Milchziegenrassen.

Daher gründete man Vereine, um diese alten Rassen zu erhalten: zuerst in Großbritannien, später in der Schweiz (ProSpecieRara), in Deutschland (Gesellschaft zur Erhaltung alter und gefährdeter Haustierrassen), in Österreich (ARCHE Austria) und in anderen Ländern.

Heute erleben viele alte Rassen ein langsames Comeback.

Oben links *Die Lynton Goats stammen von Ziegen ab, die Ende des 19. Jh. im Valley of the Rocks (Devon, England) freigelassen wurden und verwildert sind.*

Oben rechts *Die Burenziege entstand in Südafrika, neben weiteren Fleischziegen wie Kalahari Red und Savannah White.*

Bezoarziege

WIDERRISTHÖHE
Bock: 76–94 cm
Geiß: etwas kleiner

GEWICHT
Bock: 45–90 kg
Geiß: 41–57 kg

NUTZUNG
Vorfahr der heutigen Hausziegen

VERWANDTE RASSEN
alle

URSPRUNGSLAND Naher Osten

Zuchtgeschichte & Kennzeichen Die Bezoarziege stammt aus dem Fruchtbaren Halbmond; auch heute noch leben geringe Bestände der Art in den Gebirgen des Nahen Ostens (bis Afghanistan) sowie auf einigen Ägäischen Inseln, zum Beispiel Kreta. Der Bock besitzt einen buschigen Kinnbart; das Fell – im Sommer hell rötlich braun, im Winter aschgrau – weist einen dunklen Aalstrich und Schulterkreuz auf. Die säbelförmigen Hörner sind nach hinten gebogen mit scharfer Vorderkante und Querwülsten; angeblich sind es die längsten Ziegenhörner überhaupt. Die Färbung der Geißen ist ganzjährig gelblich braun.

Verhalten & Pflege Die trittsicheren, gelenkigen Bezoarziegen bevorzugen steiles, felsiges, auch bewaldetes Gelände. Sie suchen ihr Futter in einem relativ kleinen Gebiet und sind tag- oder nachtaktiv. Gelegentlich klettern sie bei der Nahrungssuche auf Bäume – man hat sie sogar in 6 m Höhe gesehen. Die Böcke halten sich die meiste Zeit des Jahres in «Junggesellentrupps» auf, während die Geißen in Familienverbänden von wenigen Individuen leben. Im Herbst sammeln die dominanten Böcke mit Beginn der Brunst einen Harem von 10–15 Geißen um sich. Die Paarungszeit dauert von November bis Januar, dann lösen sich die Harems bis zum Herbst auf. Fünf Monate nach dem Decken werfen die Geißen 1–3 Kitze.

Alpine/French Alpine

WIDERRISTHÖHE
Bock: 89 cm
Geiß: 76 cm

GEWICHT
Bock: 77 kg
Geiß: 59 kg

NUTZUNG
Milch

VERWANDTE RASSEN
British Alpine, Mini-Alpine, Oberhasli

URSPRUNGSLAND Frankreich

Zuchtgeschichte & Kennzeichen Die Alpine (auch Chèvre Alpine oder Alpine Française) stammt ursprünglich aus den französischen Alpen und wurde auf Uniformität, Größe und Milchleistung hin gezüchtet. Sie ist kurzhaarig, mittel- bis großrahmig und existiert in mehreren Farbschlägen: Der ursprüngliche Farbschlag *Chamoisée* (gämsfarben: braun mit schwarzer Zeichnung) entspricht der «Alpine Française» in Frankreich, sie ist dort sehr verbreitet und wichtig für die Käseproduktion. In den USA züchtet man die French Alpine und unterscheidet weitere Farbschläge, z. B. *Cou Blanc* und *Cou Clair*, *Cou Noir*, *Sundgau* oder *Pied* (gescheckt; siehe Foto).

Verhalten & Pflege Die elegante und neugierige Alpine ist oft unabhängiger und «dickköpfiger» als andere Milchziegen. Sie ist robust und anpassungsfähig, kommt mit jedem Klima zurecht und eignet sich für Kleinhaltung wie auch für große Milchziegenbetriebe. Laut ADGA beträgt die Jahres-Milchleistung knapp 1200 kg, der Milchfettgehalt 3,8 %, und die Laktation dauert 275–305 Tage. Nur die Saanenziege (s. S. 189) ist produktiver. Die Alpine wird durchgemolken, sodass man viele Ziegen mehrere Jahre lang melken kann, bevor sie wieder gedeckt werden müssen.

Walliser Schwarzhalsziege

WIDERRISTHÖHE
Bock: 76–86 cm
Geiß: 69–79 cm

GEWICHT
Bock: 66–90 kg
Geiß: 45–61 kg

NUTZUNG
Milch, Fleisch, Landschaftspflege

VERWANDTE RASSEN
keine

URSPRUNGSLAND Südschweiz und Oberitalien

Zuchtgeschichte & Kennzeichen Die Walliser Schwarzhalsziege, auch Gletschergeiß genannt, stammt aus dem Oberwallis in der Schweiz und angrenzenden Gebieten Oberitaliens. In den 1950ern gingen die Bestände stark zurück, als viele traditionelle Nutztierrassen (meist Mehrnutzungsrassen) durch moderne Hochleistungsrassen ersetzt wurden. Ende der 1980er bewilligte das Walliser Kantonsparlament dann 1,5 Mio. Franken, um das Überleben der Rasse zu sichern. Die vordere Körperhälfte dieser mittel- bis großrahmigen, stämmigen Ziege ist schwarz, die hintere weiß, mit klarer Trennung beider Farben. Das raue, leicht gewellte Deckhaar ist bis zu 50 cm lang. Der breite, kurze Kopf trägt gewöhnlich eine ausgeprägte Stirnlocke. Die mächtigen Hörner des Bocks können eine Spannweite von 1,2 m erreichen; die Hörner der Geiß sind schlanker und kürzer.

Verhalten & Pflege Die Walliser Schwarzhalsziege ist eine gelenkige, trittsichere und robuste Gebirgsrasse, die gut mit Nässe und Kälte zurechtkommt und sich im Sommer ihr Futter selbst suchen kann. Die Laktation dauert etwa 210 Tage mit einer Milchleistung von rund 500 kg. Das magere wohlschmeckende Fleisch wird meistens als *capretto* (s. S. 128) vermarktet. Aufgrund des auffälligen Fells und ihrer Gutmütigkeit ist sie in Streichelzoos und in Hobbyhaltung beliebt.

Westafrikanische Zwergziege

WIDERRISTHÖHE
Bock & Geiß: 30–50 cm

GEWICHT
Bock: 20–25 kg
Geiß: 18–22 kg

NUTZUNG
Fleisch, Milch

VERWANDTE RASSEN
American Pygmy, British Pygmy

URSPRUNGSLAND Afrika

Zuchtgeschichte & Kennzeichen Die Westafrikanische Zwergziege (WAZ) oder Djallonke spielt in der Landwirtschaft der humiden und subhumiden Zonen West- und Zentralafrikas eine wichtige Rolle und wird zur Fleisch- und Milchproduktion gehalten. Im ländlichen Raum sind diese Ziegen für die Ernährungssicherheit wesentlich; man kann sie in Notzeiten verkaufen, um an Geld zu kommen. Es gibt einen Regenwald- und einen Feuchtsavannentyp; Letzterer ist etwas schwerer. Die WAZ ist ein achondroplastischer Zwerg mit breitem Kopf, kurzem, dickem Hals, kurzen Beinen und gedrungenem, tiefem Rumpf. Die Farbe variiert, Schwarz ist am häufigsten. Das Fell ist meistens kurz und glatt, manchmal aber auch lang und gewellt.

Verhalten & Pflege Da die WAZ so klein, freundlich und umgänglich ist, lässt sie sich einfach unterbringen und halten. Die Rasse ist robust, frühreif und gut ans Tropenklima angepasst. Sie ist gegen Trypanosomen weitgehend resistent; deshalb leidet sie anders als sonstige Ziegenrassen kaum unter von Tsetsefliegen übertragenen Krankheiten und ist daher als einzige Ziegenrasse in West- und Zentralafrika weit verbreitet. Außerdem ist sie gegen den potenziell tödlichen Roten Magenwurm resistent (s. S. 107). Die Geißen sind asaisonal und sehr fruchtbar; 2–4 Kitze pro Wurf sind normal.

Nubier-/Anglo-Nubier-Ziege

WIDERRISTHÖHE
Bock: min. 89 cm
Geiß: min. 76 cm

GEWICHT
Bock: min. 79 kg
Geiß: min. 61 kg

NUTZUNG
Milch, Fleisch

VERWANDTE RASSEN
Mini-Nubian

URSPRUNGSLAND Großbritannien

Zuchtgeschichte & Kennzeichen Die heutige Anglo-Nubier-Ziege (in USA meist als «Nubian» bezeichnet) entstand im 19. und frühen 20. Jh. in Großbritannien, als man britische Geißen mit langohrigen Böcken aus Asien und Nordafrika kreuzte. Es resultierte eine asaisonale, großrahmige Milchziege mit Hängeohren und Ramsnase. Da Nubier fleischiger sind als andere Rassen, verkaufen manche Züchter überzählige Kitze als Schlachtvieh. Das Haarkleid ist kurz und seidig, alle Farbvarianten sind möglich, von einfarbig bis gescheckt. Die eng anliegenden Hängeohren sind nach unten glockenförmig verbreitert und sollten mindestens 2,5 cm über das Maul hinausreichen.

Verhalten & Pflege Anglo-Nubier-Ziegen sind friedfertig, anhänglich und gehen eine enge Bindung mit ihrem Halter ein. Ihre lautstarke, durchdringende Stimme ist nicht so meckernd wie bei anderen Rassen. Da die «redefreudigen» Tiere oft mit ihrem Halter kommunizieren wollen, ist dies nicht die beste Rasse für ein städtisches Umfeld. Ein Teil der Geißen ist asaisonal und kann ganzjährig gedeckt werden. Mit etwa 3,8 l pro Tag liefern Nubier weniger Milch als andere Milchziegenrassen, doch die Milch ist fettreich und süß. Laut ADGA beträgt die Jahres-Milchleistung etwa 900 kg, der Milchfettgehalt 4,7 %, und die Laktation dauert 275–305 Tage.

Oberhasli, Gämsfarbige Gebirgsziege (Oberhasli-Brienzer-Typ)

WIDERRISTHÖHE
Bock: min. 76 cm
Geiß: min. 71 cm

GEWICHT
Bock: min. 68 kg
Geiß: min. 59 kg

NUTZUNG
Milch

VERWANDTE RASSEN
Alpine, Mini-Oberhasli

URSPRUNGSLAND Schweiz

Zuchtgeschichte & Kennzeichen Dieser (meist) hornlose Regionalschlag der Gämsfarbigen Gebirgsziege stammt ursprünglich aus dem Berner Oberland (CH) und wird als Oberhasli-Brienzer-Typ («Hasli») bezeichnet. Die Rasse ist vor allem in der Westschweiz weit verbreitet; ein Herdbuch existiert seit 1930. Schon zu Beginn des 20. Jh. gelangte sie in die USA und heißt dort Oberhasli – anfangs galt sie als Schlag der French Alpine, seit 1979 ist sie eine eigenständige Rasse mit eigenem Herdbuch. Sie ist in den USA relativ selten, doch die Bestände nehmen langsam zu. Typisch für diese mittelgroße, robuste Ziege ist der Farbschlag *Chamoisée* – rehbraun bis kastanienbraun mit Aalstrich auf dem Rücken, schwarzem Bauch und Unterbeinen, schwarzen Abzeichen am Kopf sowie einem schwarzen bis grauen Euter.

Verhalten & Pflege Die robuste Oberhasli ist eine wachsame, aber freundliche Ziege. Gemessen an ihrer Größe ist sie besonders stark; deshalb setzt man vor allem Kastraten gerne als Fahr- und Packziegen ein. Angeblich ist die Oberhasli ruhiger und fürchtet sich weniger vor Wasser als andere Ziegen. Laut ADGA liegt die Jahres-Milchleistung bei etwa 950 kg, der Milchfettgehalt bei 3,8 %, und die Laktation dauert 275–305 Tage.

Golden Guernsey

WIDERRISTHÖHE
Bock: max. 71 cm
Geiß: max. 66 cm

GEWICHT
Bock: min. 58 kg
Geiß: max. 54 kg

NUTZUNG
Milch

VERWANDTE RASSEN
British Guernsey

URSPRUNGSLAND Großbritannien

Zuchtgeschichte & Kennzeichen Auf Guernsey wurden Ziegenskelette gefunden, die den heutigen Golden Guernsey ähneln und auf 2000 v. Chr. datiert wurden. Daher vermutet man, dass die dortigen Ziegen von syrischen und maltesischen Ziegen abstammen, die in der Antike nach Guernsey gelangten – zudem ähneln die heutigen Golden Guernseys den syrischen Ziegen mit «goldenem Vlies», von denen Herodot berichtete, und die Malteser-Ziege weist auch heute noch dieselbe ungewöhnliche orangerote Hautfarbe auf wie die Golden Guernsey. Das Fell ist in der Länge variabel, oft mit Langhaar an Rücken und Keulen; die Farbe reicht von hellblond bis dunkelbronzefarben. Etwa drei Viertel der Tiere sind gehörnt, der Rest ist genetisch hornlos. Typisch sind die stehenden, an der Spitze etwas rückwärts gedrehten Ohren.

Verhalten & Pflege Die Golden Guernsey liefert zwar weniger Milch als andere Rassen, doch sie erzielt diese Milchleistung bei normaler Weidehaltung mit Gras und Heu (und wenig weiterem Zusatzfutter). Sie liefert pro Tag 0,9–1,9 l Milch mit 3,72 % Milchfett. Auch vorzeitige Milchbildung, das heißt Laktation ohne Ablammen (s. S. 57), sowie Durchmelken (s. S. 123) sind häufig. Die Golden Guernsey ist vom Temperament her ruhig und freundlich und daher gut für Kleinhaltung geeignet,

Islandziege

WIDERRISTHÖHE
Bock: 76–81 cm
Geiß: 63–71 cm

GEWICHT
Bock: 59–75 kg
Geiß: 36–50 kg

NUTZUNG
Milch, Fasern, Fleisch, Landschaftspflege

VERWANDTE RASSEN
keine

URSPRUNGSLAND Island

Zuchtgeschichte & Kennzeichen Die Islandziege, isländisch *Islenska geitin*, gelangte mit norwegischen Siedlern im Zeitraum 874–930 n. Chr. nach Island. Danach kamen keine weiteren Tiere hinzu, daher ist die heutige Population relativ ingezüchtet. Um 1890 wäre die Islandziege beinahe ausgestorben, inzwischen wird ihr Überleben durch staatliche Unterstützung gesichert. Als Landrasse weist sie eine erhebliche Variation in Größe und Gewicht auf. Etwa 20 % der Ziegen sind weiß, die anderen sind meist braun, grau oder gescheckt. Die mittellangen Hörner sind rückwärts gebogen, einige Tiere sind genetisch hornlos. Das Haarkleid besteht aus langem, rauem Deckhaar und einer sehr hochwertigen Kaschmir-Unterwolle. 1986 exportierte man 6 Islandziegen nach Schottland, die in die Entwicklung der Scottish Cashmere Goat eingingen.

Verhalten & Pflege Die Islandziege ist munter, agil und robust, dazu effizient in der Nahrungssuche und ideal für die Landschaftspflege geeignet. Während der kältesten Monate leben die Tiere im Stall und erhalten Heu und Beifutter – sogar Salzfisch, wie es seit der Besiedlung Islands üblich ist! Das Fleisch dieser Rasse ist mager und schmackhaft; die Zicklein sind jedoch spätreif. Die Geißen liefern während der kurzen Laktation etwa 160–200 kg Milch, im Durchschnitt etwa 0,5 l pro Tag.

Nederlandse Landgeit (Niederländische Landziege)

WIDERRISTHÖHE
Bock & Geiß: max. 65 cm

GEWICHT
Bock: max. 36 kg
Geiß: max. 27 kg

NUTZUNG
Milch, Fleisch, Landschaftspflege

VERWANDTE RASSEN
Saanenziege, Toggenburger Ziege

URSPRUNGSLAND Niederlande

Zuchtgeschichte & Kennzeichen Die Nederlandse Landgeit ist eine der einfachen («primitiven») langhaarigen nordischen Landrassen mit farblich variablem Haarkleid, die in den Niederlanden, Island, Finnland, Schweden, Norwegen, Dänemark und auf den Britischen Inseln verbreitet waren. Im frühen 20. Jh. begann man, die Nederlandse Landgeit durch Einkreuzen von Saanen- oder Toggenburger Ziegen zu «veredeln». Fast wäre sie ausgestorben, hätte nicht der Blijdorp Zoo in Rotterdam 1958 ein Erhaltungsprogramm mit 2 der wenigen verbliebenen Tiere initiiert. Die Erhaltungszucht wurde andernorts weitergeführt, sodass es heute wieder etwa 2000 Niederländische Landziegen gibt. Die mittelgroße Ziege hat im Verhältnis zur Rumpflänge kurze Beine; sie existiert in vielen Farbschlägen, Braun ist am häufigsten.

Verhalten & Pflege Die robuste und genügsame Ziege ist eine gute Milch- und Fleischziege für Kleinhaltung, doch ihre wichtigste Verwendung ist in der Landschaftspflege: In niederländischen Naturschutzgebieten werden fast 1000 Ziegen in Herden von je 60–120 Tieren eingesetzt, um ein Verbuschen des Geländes zu verhindern. Die aktiven und freundlichen Ziegen sind fügsam und einfach zu halten. Die harten Klauen müssen seltener gekürzt werden als bei anderen Rassen.

Weiße Deutsche Edelziege

WIDERRISTHÖHE
Bock: 79–89 cm
Geiß: 69–89 cm

GEWICHT
Bock: 75–95 kg
Geiß: 54–75 kg

NUTZUNG
Milch

VERWANDTE RASSEN
Saanenziege

URSPRUNGSLAND Deutschland

Zuchtgeschichte & Kennzeichen Die Rasse entstand Ende des 19. Jh., als man eingeführte Schweizer Saanenziegen mit heimischen weißen Schlägen wie der hessischen Starkenburger Ziege (jetzt ausgestorben) oder der Langensalzaer Ziege kreuzte. 1928 führte man alle veredelten weißen deutschen Ziegenrassen als Weiße Deutsche Edelziege (WDE) mit eigenem Herdbuch zusammen und alle veredelten bunten Schläge als Bunte Deutsche Edelziege (BDE). Die WDE ist mittelgroß, kräftig und großrahmig; sie hat weißes, glattes, kurzes Haar und helle Haut (kleine Pigmentflecke sind erlaubt, schwarze Haare nicht). Viele Tiere sind genetisch hornlos. Das halbkugelige Euter ist fest angesetzt mit mittellangen Zitzen. Die heute weltweit verbreitete Rasse war für die Entwicklung anderer Rassen wichtig: Durch Rückkreuzen mit der Saanenziege entstand z. B. die produktive rumänische Rasa de Banat.

Verhalten & Pflege Wie ihre Saanen-Vorfahren ist auch die WDE ruhig, freundlich und umgänglich. Sie bewährt sich in Kleinhaltung wie auch in großen Milchziegenbetrieben. Die hochproduktive Milchrasse hat eine Jahresmilchleistung von 700–900 kg bei einer Laktation von 300 Tagen und einem Milchfettgehalt von 3,2–3,5 %. Wie andere Rassen mit Saanen-Erbe bevorzugt sie kühlere Witterung und Schatten in der Mittagshitze.

Corse, Caprette di Corsica

WIDERRISTHÖHE
Bock: 76–81 cm
Geiß: 63–71 cm

GEWICHT
Bock: 50–61 kg
Geiß: 34–41 kg

NUTZUNG
Milch, Fleisch

VERWANDTE RASSEN
Alpine

URSPRUNGSLAND Korsika (Frankreich)

Zuchtgeschichte & Kennzeichen Diese Ziegen sind seit mehreren Tausend Jahren auf Korsika heimisch, auch wenn ihre Herkunft nicht genau bekannt ist. In den 1970ern wurde die Alpine eingekreuzt – die heutige Corse ist eine kleine bis mittelgroße, perfekt ans lokale Klima angepasste Ziege. Traditionell hält man die Tiere im Sommer auf Bergweiden und treibt sie im Herbst ins wärmere Flachland hinunter. Fast 98 % des korsischen Ziegenbestands gehören zur Corse-Rasse. Die Tiere sind meist langhaarig, mit Bart, schmalem Kopf, stehend getragenen, mittelgroßen Ohren und säbelförmigen Hörnern; etwa die Hälfte der Ziegen hat Glöckchen. Haarkleid: große Variation in Färbung und Zeichnung. Das Euter sollte möglichst kugelförmig und hoch angesetzt sein, da die Verletzungsgefahr durch Gestrüpp und Felsen bei Hängeeutern größer ist.

Verhalten & Pflege Die Corse hat keine hohe Milchleistung: etwa 190 l bei einer Laktationsdauer von 150 Tagen. Durch ihren hohen Milchfett- und Eiweißgehalt eignet sich die Milch aber bestens zur Käseproduktion. In den Sommermonaten zieht die Caprette – meist mit Hirten – in Herden umher; die Ziegen sind umgänglich und lassen sich leicht führen. In der wärmeren Jahreszeit leben sie draußen, benötigen bei nassem und stürmischem Winterwetter aber einen Unterstand.

Damaskus-Ziege, Schami

WIDERRISTHÖHE
Bock: 81–86 cm
Geiß: 69–76 cm

GEWICHT
Bock: 77–90 kg
Geiß: 64–68 kg

NUTZUNG
Milch, Show

VERWANDTE RASSEN
keine

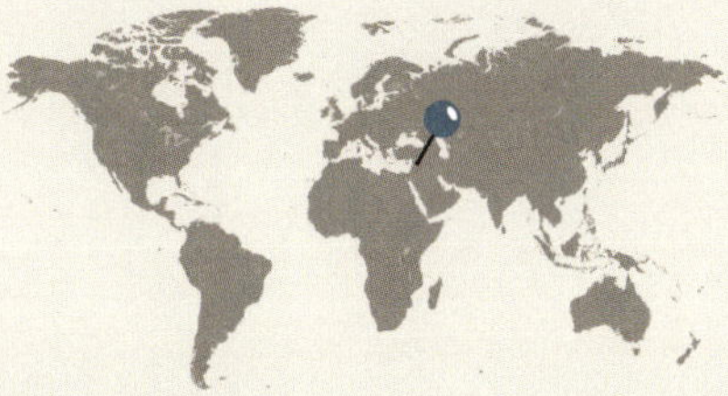

URSPRUNGSLAND Syrien

Zuchtgeschichte & Kennzeichen Die Schami oder Damaskus-Ziege entstand bereits vor mehreren Tausend Jahren in Syrien. Die Briten exportierten die Schami im 19. Jh. nach Zypern, dort ist sie die dominierende Milchrasse. Sie wird heute ferner in Syrien, Libanon und anderen Ländern gehalten, es haben sich verschiedene Subtypen entwickelt. Der zyprische Schlag der Schami zeichnet sich durch besonders lange (bis zu 46 cm) Hängeohren aus. Die elegante Ziege hat einen kleinen Kopf mit Ramsnase, einen langen Hals und ein langes Haarkleid. Es ist meistens braun, kann schwarz oder grau sein, auch rote, beigefarbene oder weiße Abzeichen kommen vor. Die Augenfarbe ist meist hellbraun, oft aber auch blau oder grau. Etwa 60 % der Ziegen sind genetisch hornlos. Die Hörner sind bei den Geißen schlank und sichelförmig, bei den Böcken gedreht und seitlich auswärts geschwungen.

Verhalten & Pflege Die intelligente, verspielte Schami ist einfach zu halten. Die Geißen liefern viel Milch, etwa 3 l pro Tag; Zwillingsgeburten sind häufig. Die Schami gilt im Nahen Osten als ausgesprochen schöne Ziege und wird auf Wettbewerben ausgestellt; ein Individuum gewann zum Beispiel in Riad (Saudi-Arabien) den Titel «schönste Ziege der Welt».

British Alpine

WIDERRISTHÖHE
Bock: 91–97 cm
Geiß: 76–81 cm

GEWICHT
Bock: ca. 77 kg
Geiß: ca. 59 kg

NUTZUNG
Milch

VERWANDTE RASSEN
Alpine, British Saanen, Mini-Alpine, Nubier, Old English Goat, Saanen, Toggenburger

URSPRUNGSLAND Großbritannien

Zuchtgeschichte & Kennzeichen Die großrahmige British Alpine entstand Anfang des 20. Jh. im Vereinigten Königreich, als man französische und Schweizer Alpine-Böcke mit einheimischen Geißen und mit mischerbigen Geißen (mit Alpine-, Toggenburger-, Saanen- und Nubier-Abstammung) paarte. 1926 wurde ein Herdbuch begründet. Die British Alpine ist schwarz mit weißen Abzeichen (Swiss markings): Gesichtsstreifen, rund ums Maul, an Ohren, Schwanzansatz und Unterbeinen. Das Haarkleid der Geißen ist kurz, dünn und glänzend, bei den Böcken ist es etwas länger. Die British Alpine ist groß, etwas schlaksig und ähnelt im Körperbau der British Saanen. Das kugelförmige Euter ist hoch und gut angesetzt.

Verhalten & Pflege Die British Alpine ist gutmütig, aufmerksam und relativ unabhängig, dabei aber freundlich und umgänglich. Als typischer Mischäser fühlt sie sich im Pferch nicht sehr wohl, sondern gedeiht auf der Weide besser. Da sie sehr gut springen kann, sind ziegensichere Zäune ein Muss. Wie andere Rassen aus den Alpen geht es ihr im gemäßigten Klima am besten. Die Tagesmilchleistung liegt bei 5,7–7,6 l, bei einem Milchfettgehalt von rund 4 %; viele Geißen können mindestens 2 oder 3 Jahre durchgemolken werden.

Toggenburger Ziege

WIDERRISTHÖHE
Bock: 86–97 cm
Geiß: 76–81 cm

GEWICHT
Bock: 68–90 kg
Geiß: min. 57 kg

NUTZUNG
Milch

VERWANDTE RASSEN
British Toggenburg

URSPRUNGSLAND Schweiz

Zuchtgeschichte & Kennzeichen Der Toggenburger Ziege wurde erstmals 1802 erwähnt und stammt ursprünglich aus dem Kanton St. Gallen (CH). Diese Ziege ist vermutlich eine der ältesten und unverfälschtesten Schweizer Milchrassen. Sie wurde in viele Länder exportiert, so auch nach Deutschland, England und die USA, und in lokale Ziegenrassen eingekreuzt. Das Haarkleid dieser mittel- bis großrahmigen Ziege ist hellbraun bis mausgrau (in den USA auch dunkelbraun) und weist immer die typischen «Swiss markings» auf: weiße Abzeichen an Ohren, Kopf (weiße Streifen vom Maul bis zum Hornansatz), Glöckchen und Schwanzansatz sowie weiße Unterbeine. Das Haar ist kurz oder mittellang, über Rücken und Schenkeln länger («Mäntelchen»). Die Nasenlinie ist gerade bis leicht konkav, die Ohren sind stehend. Das fest ansitzende, drüsige Euter hat ein ausgeprägtes Zentralband.

Verhalten & Pflege Die Toggenburger ist robust, widerstandsfähig, freundlich und aufmerksam. Wie die anderen Schweizer Milchziegenrassen gedeiht sie am besten in kühlerem Klima. Die Milchleistung liegt bei 740–810 kg, der Milchfettgehalt bei 3,1–3,5 %, und die Laktation dauert 220–270 Tage.

Barbari-Ziege

WIDERRISTHÖHE
Bock: 66–76 cm
Geiß: 51–61 cm

GEWICHT
Bock: ca. 36 kg
Geiß: ca. 22,5 kg

NUTZUNG
Fleisch und Milch

VERWANDTE RASSEN
keine

URSPRUNGSLAND Somalia

Zuchtgeschichte & Kennzeichen Die Barbari-Ziege ist eine kleine, kompakte Rasse, die in Indien (Haryana, Punjab und Uttar Pradesh), Pakistan (Punjab und Sindh), ferner (aber weniger) in Mauritius, Nepal und Vietnam gehalten wird. Sie stammt ursprünglich aus der Stadt Berbera in Nordsomalia und gelangte vermutlich in der Antike mit somalischen Händlern nach Asien. Diese lebhafte Ziege hat stehende, fast tütenförmige Ohren sowie ausgeprägte Augenbrauenbögen und hervorstehende Augen. Das Haarkleid ist kurz und glatt, meistens in der Grundfarbe weiß und braunrot gefleckt. Die Böcke tragen einen langen, dichten Bart. Das Euter der Geißen ist gut entwickelt mit großen, konischen Zitzen. Die meisten Böcke und Geißen haben relativ kurze, rückwärts gerichtete Hörner.

Verhalten & Pflege Die Barbari-Ziege ist eine klassische Zweinutzungsrasse, die Fleisch und Milch liefert. Sie ist bekannt für ihr ruhiges Temperament und eignet sich gut zum Tüdern (Anbinden) und zur Stallhaltung. Die Geißen liefern etwa 110 kg Milch bei einer Laktationsdauer von 150 Tagen. Die Böckchen werden meistens im Alter von 7–30 Tagen kastriert, mit Milch gemästet und zum Beispiel zum Opferfest (Eid) verkauft. Die frühreifen Junggeißen sind bereits mit 8–10 Monaten geschlechtsreif (Böckchen noch früher) und sehr fruchtbar: Zwillinge sind häufig.

British Saanen

WIDERRISTHÖHE
Bock: min. 81 cm
Geiß: min. 76 cm

GEWICHT
Bock: min. 77 kg
Geiß: min. 68 kg

NUTZUNG
Milch

VERWANDTE RASSEN
Old English Goat, Saanen

URSPRUNGSLAND Großbritannien

Zuchtgeschichte & Kennzeichen Die British Saanen entstand zu Beginn des 20. Jh. durch Verdrängungskreuzung: Man kreuzte aus der Schweiz und den Niederlanden importierte Saanen-Böcke so lange mit heimischen britischen Geißen (mit ½ Saanen-Anteil), bis man eine gefestigte Linie erzielt hatte und die Geißen mind. ⅞ Saanen-Anteil hatten. British Saanen sehen den Original-Saanen sehr ähnlich, sind aber langbeiniger, schwerer und haben einen längeren Kopf. Die Rasse zeichnet sich durch starke Knochen, einen tiefen, keilförmigen Rumpf, stehende Ohren, eine gerade Nasenlinie und ein gut geformtes Euter aus. Als Elterntiere sind Saanen oder British Saanen erlaubt.

Verhalten & Pflege Die ruhige, freundliche British Saanen ist friedfertig und verträgt sich mit ihren Herdengenossen besser als die meisten anderen Rassen. Da sie zudem noch eine hohe Milchleistung hat, ist sie in Großbritannien für viele Intensiv-Milcherzeugungsbetriebe die Rasse der Wahl. Eine durchschnittliche British-Saanen-Geiß gibt pro Tag 5,7–7,6 l Milch mit 3,5 % Milchfett. Da die Laktation von Natur aus länger als bei anderen Rassen dauert, kann man die British Saanen ohne erneutes Decken zwei Jahre oder länger durchmelken.

Kinder

WIDERRISTHÖHE
Bock: ca. 71 cm
Geiß: ca. 66 cm

GEWICHT
Bock: 61–68 kg
Geiß: 52–57 kg

NUTZUNG
Milch, Fleisch

VERWANDTE RASSEN
American Pygmy, Nubier

URSPRUNGSLAND USA

Zuchtgeschichte & Kennzeichen Diese Zweinutzungsrasse entstand ursprünglich durch Kreuzung eines bei der NPGA eingetragenen American-Pygmy-Bocks mit Nubier-Geißen, die bei der ADGA registriert waren: Anschließend wurden die Nachkommen der 1. Generation zur eingetragenen Kinder® Goat weitergezüchtet. Die Kinder ist eine kompakte, robuste, gut bemuskelte Ziege mit geräumigem Rumpf und kräftigen Beinen; sie hat ein kurzes, dünnes Haarkleid, eine gerade oder leicht konkave Nasenlinie, große, wache Augen und große, breite, leicht hängende Ohren. Alle Farben und Abzeichen sind erlaubt. Die Kinder ist meist gehörnt; genetisch hornlose Tiere dürfen nicht ins Herdbuch eingetragen werden. Züchtervereinigung und Herdbuch wurden 1988 begründet.

Verhalten & Pflege Die Kinder hat eine hervorragende Milchleistung: im Durchschnitt 680 kg Milch mit 5,5–7,5 % Milchfett bei einer Laktation von 305 Tagen oder weniger. Sie ist asaisonal und kann Zwillinge, Drillinge, Vierlinge oder sogar Fünflinge werfen. Die Zicklein wiegen bei Geburt meist 1,8–2,3 kg; sie sind frühreif, erreichen mit 6–8 Monaten ein Schlachtgewicht von rund 23 kg und haben mit 12 Monaten bereits 70 % des Adultgewichts erreicht. Die Kinder ist gesund und widerstandsfähig, aufmerksam, friedfertig, freundlich und umgänglich.

Mini-Alpine

WIDERRISTHÖHE
Bock: je nach Züchtervereinigung: max. 79–81 cm
Geiß: je nach Züchtervereinigung: max. 74–76 cm

GEWICHT
Bock: 45–52 kg
Geiß: 36–45 kg

NUTZUNG
Milch

VERWANDTE RASSEN
Alpine, Nigerian Dwarf, Westafrikanische Zwergziege

URSPRUNGSLAND USA

Zuchtgeschichte & Kennzeichen Die Mini-Alpine ist eine Mini-Version der normalgroßen Alpine; die 1. Generation (F1) entstand, indem man einen eingetragenen Nigerian-Dwarf-Bock mit einer eingetragenen, normalgroßen French-Alpine-Geiß verpaarte. Ab der 2. Generation züchtet man meistens mit den Nachkommen der F1 (den Mini-Alpines) weiter. Man kann allerdings jederzeit wieder normalgroße Tiere einkreuzen. Das Zuchtziel der Mini-Alpine ist eine kleinere und leichter zu haltende Version der normalgroßen Alpine. Die Mini-Alpine hat große, leicht zu melkende Zitzen, liefert mehr Milch als die Nigerian Dwarf, und der Milchfettgehalt ist höher als bei der normalgroßen Alpine. Typisch für die Rasse sind ein langer Hals, ein tiefer, aber relativ schlanker Rumpf, eine gerade oder leicht konkave Nasenlinie sowie schmale, stehende Ohren. Die Farbschläge sind dieselben wie bei der French Alpine (s. S. 165), die Farben können mit großen, weißen Flecken kombiniert sein. Braune oder blaue Augen sind zulässig.

Verhalten & Pflege Die Mini-Alpine ist eine aufmerksame, aktive Ziege. Mit 1,9–3,6 l pro Tag bei einem Milchfettgehalt von 4–6 % ist die Milchleistung hervorragend. Da die Mini-Alpine sehr gut springen und klettern kann, sind ziegensichere Zäune ein Muss.

British Pygmy

WIDERRISTHÖHE
Bock & Geiß: 40–50 cm

GEWICHT
Westafrikanischer Typ:
20–25 kg
Südsudanesischer Typ:
11–25 kg

NUTZUNG
Familienziege

VERWANDTE RASSEN
American Pygmy,
Nigerian Dwarf,
Westafrikanische
Zwergziege

URSPRUNGSLAND Großbritannien

Zuchtgeschichte & Kennzeichen Die British Pygmy stammt von kleinen, robusten Zwergrassen aus Äquatorialafrika ab. In der britischen Pygmy Goat Society sind Pygmy-Ziegen eingetragen, die Merkmale einer Achondroplasie zeigen (wie unverhältnismäßig kurze Beine, breiter, schwerer Körper und kurzer Kopf), Zwergziegen, die durch Hypophysen-Hypoplasie gekennzeichnet sind (kleine, aber wohlproportionierte Zwergziegen), sowie Zwischentypen (s. S. 68–69). Die Vorfahren der British Pygmy gelangten Ende des 19. Jh. als Zootiere von Afrika nach Schweden und Deutschland und von dort aus weiter nach Großbritannien und Nordamerika. Alle Farbschläge sind erlaubt, helle Gesichtsstreifen allerdings verboten. Das Haarkleid variiert in Dichte und Länge; die Böcke haben einen langen Bart und eine dichte Schultermähne.

Verhalten & Pflege Die British Pygmy ist robust, ruhig und aufmerksam, dabei aber friedfertig und damit ein idealer Gefährte für Jung und Alt. Sie benötigt nicht so viel Futter und Platz wie größere Rassen und gedeiht auch in städtischer Umgebung und Kleinhaltung. Die Geißen können gemolken werden und liefern pro Tag 0,9–1,9 l Milch mit einem Fettgehalt von 6–10 %. Sie sind asaisonal und können ganzjährig brünstig werden bzw. werfen (2–5 Kitze pro Wurf).

Burenziege

WIDERRISTHÖHE
Bock: 71–81 cm
Geiß: 66–71 cm

GEWICHT
Bock: 90–155 kg
Geiß: 85–105 kg

NUTZUNG
Fleisch

VERWANDTE RASSEN
keine

URSPRUNGSLAND Südafrika

Zuchtgeschichte & Kennzeichen Die Entwicklung der Burenziege begann in den 1930ern, als holländische Farmer im Eastern Cape (Südafrika) heimische Ziegen mit aus Indien und Europa eingeführten Rassen kreuzten und anschließend gezielt auf Fleisch- anstelle von Milchleistung selektionierten. Die resultierende Burenziege wurde zuerst in Australien und Neuseeland eingeführt, in den 1980ern in Europa (inkl. Großbritannien), später in den USA; inzwischen ist sie weltweit eine besonders beliebte Fleischziege. Diese große Ziege ist sehr gut bemuskelt, mit langem, breitem Rücken und tiefem Körper. Sie hat eine Ramsnase, Hängeohren und dunkle, runde Hörner, die bei Böcken nach hinten und auswärts gebogen sind. Die Haut ist locker und weich und bildet bei den Böcken an Hals und Schultern oft lockere Falten. Das Haarkleid ist in der Grundfarbe meist weiß; Kopf, Hals und Schultern sind rotbraun; auch schwarz, rotbraun und gefleckt kommen vor.

Verhalten & Pflege Die Burenziege ist freundlich, ruhig und umgänglich. Sie ist asaisonal und kann ganzjährig werfen. Zwillinge und Drillinge sind die Regel, sie wachsen rasch heran, da sie von der Geiß reichlich mit fetthaltiger Milch versorgt werden.

Kiko, Kiko-Ziege

WIDERRISTHÖHE
Bock: 76–86 cm
Geiß: 71–76 cm

GEWICHT
Bock: 115–135 kg
Geiß: 45–68 kg

NUTZUNG
Fleisch,
Landschaftspflege

VERWANDTE RASSEN
keine

URSPRUNGSLAND Neuseeland

Zuchtgeschichte & Kennzeichen Die Kiko wurde in den 1970ern von neuseeländischen Farmern entwickelt, die verwilderte Ziegen hielten und eine robuste Fleischziege mit frühreifen Zicklein züchten wollten (s. S. 127). Die stämmigen, gut bemuskelten Ziegen haben mittellange Ohren, die stehend, waagerecht oder hängend getragen werden. Sie weisen eine gerade Nasenlinie, sehr große, gedrehte Hörner, widerstandsfähige Klauen und ein kurzes bis mittellanges Haarkleid auf. Jede Farbe ist erlaubt, die meisten Tiere sind weiß. Als konkurrierende Fleischziege gilt in den USA die Burenziege (s. S. 183). Bei einem Vergleich von 81 Buren-, 64 Kiko- und 59 Spanish-Geißen (Tennessee State University, 2003/2004) zeigte sich in der Untersuchungsperiode, dass 71 % der Burenziegen wegen Lahmheit behandelt werden mussten, aber nur 31 % der Kikos, während 50 % der Burenziegen eine Entwurmung benötigten, aber nur 17 % der Kikos. Die Kikos hatten zudem mehr Kitze als die Buren- und Spanish-Geißen, und diese Kitze waren schwerer.

Verhalten & Pflege Die Kiko ist eine extrem widerstandsfähige Ziege. Die harten Klauen müssen nicht so häufig eingekürzt werden wie bei anderen Rassen. Zudem sind die Tiere widerstandsfähiger gegen Parasiten und daher für heißes, feuchtes Klima geeignet. Die Geißen bringen ihre 2–3 Kitze ohne Hilfe zur Welt.

Miniature Silky Fainting Goat

WIDERRISTHÖHE
Bock: ideal max. 60 cm; bis 64 cm akzeptabel
Geiß: ideal 57 cm; bis 60 cm akzeptabel)

GEWICHT
Bock: 18–34 kg
Geiß: 18–27 kg

NUTZUNG
Moderasse, Familienziege, Show

VERWANDTE RASSEN
Myotonic Goat, Nigerian Dwarf

URSPRUNGSLAND USA

Zuchtgeschichte & Kennzeichen Die Miniature Silky Fainting Goat (Mini-Silky genannt) wurde in den 1990ern von Renee Orr (Virginia, USA) gezüchtet: Sie kreuzte zwei stark behaarte, kleine Myotonic-Goat-Böcke mit ihren langhaarigen Nigerian-Dwarf-Geißen, die ebenfalls Myotonic-Erbe aufwiesen. Orr gründete 2005 die Miniature Silky Fainting Goat Association. Die Mini-Silkies sind kleine Ziegen mit weichem, wallendem Fell, das bis zum Boden reicht, üppiger Gesichtsbehaarung, langen Stirnfransen und Backenbart. Alle ziegentypischen Farben treten auf, auch gescheckt.

Verhalten & Pflege Viele, doch nicht alle Mini-Silkies werden bei Schreck oder Erregung starr und fallen um. Ursache sind Muskelkontraktionen aufgrund der Erbkrankheit Myotonia congenita (s. S. 66), die aber nicht schädlich sind. Trotz des *fainting* im Namen werden die Ziegen nicht «ohnmächtig», sondern bleiben wach und stehen nach Abklingen des Krampfens ohne negative Folgen wieder auf. Fressfeinde haben durch dieses Krampfen aber leichteres Spiel, deshalb ist ein robuster, hoher Zaun ein Muss. Wie andere myotonische Rassen sind Mini-Silkies freundlich und zutraulich. Das üppige Haarkleid benötigt mehr Pflege als bei anderen Rassen.

Bagot-Ziege

WIDERRISTHÖHE
Bock & Geiß: 58,5–66 cm

GEWICHT
variiert sehr stark, kein strenger Rassestandard

NUTZUNG
Landschaftspflege

VERWANDTE RASSEN
keine

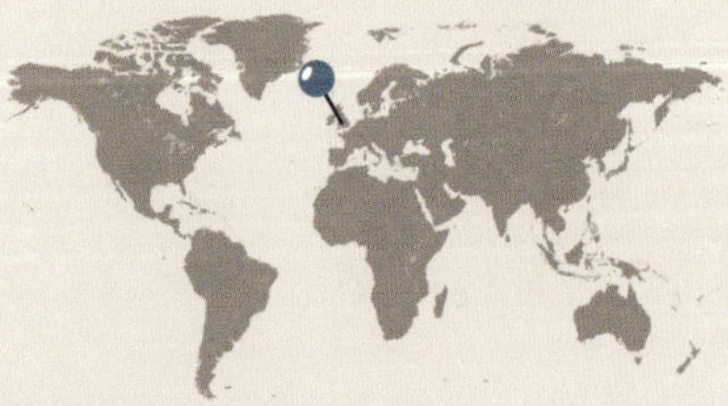

URSPRUNGSLAND England

Zuchtgeschichte & Kennzeichen Die Bagot-Ziege lebt seit jeher in einer Parklandschaft und wird vor allem als historisch wichtige Zierrasse gehalten. Es gibt mehrere Theorien zu ihrem Ursprung, doch bisher konnte keine bewiesen werden. Gesichert ist, dass sie bereits 1389 in Bagot Park existierte (einem Anwesen in Staffordshire) Die Rasse ist aufs Engste mit der Bagot-Familie verbunden und erscheint auf ihrem Wappen, ein Ziegenkopfrelief findet sich ferner auf den alten Grabsteinen der Familie. Die klein- bis mittelgroße Bagot-Ziege ist langhaarig und charakteristisch gefärbt: Das Tier ist vorne bis unmittelbar hinter die Schultern schwarz, der Rest ist weiß, die Hinterhand weist manchmal schwarze Flecke und das Gesicht eine Blesse auf. Die Böcke tragen riesige, scharfkantige, bis 90 cm lange Hörner, die rückwärts gebogen sind; die Hörner der Geißen sind kleiner.

Verhalten & Pflege Die Bagot-Ziegen existieren seit Jahrhunderten als autarke kleine Herde unter halbwilden Bedingungen. Die robusten, gut ans britische Klima angepassten Ziegen leben bis auf die Ablammzeit draußen. Sie sind in der Nahrungssuche sehr effizient und daher gründliche «Landschaftspfleger», die das Gelände von Gestrüpp und Schösslingen freihalten.

Kalahari Red

WIDERRISTHÖHE
Bock: 66–76 cm
Geiß: 56–66 cm

GEWICHT
Bock: ca. 115 kg
Geiß: ca. 75 kg

NUTZUNG
Fleisch

VERWANDTE RASSEN
keine

URSPRUNGSLAND Südafrika

Zuchtgeschichte & Kennzeichen Der genaue Ursprung der Kalahari Red ist unbekannt: Diese robuste Rasse, der Sonne nichts ausmacht, entstand unter den harten Umweltbedingungen der südafrikanischen Wüsten und Halbwüsten durch natürliche Selektion. Vom Körperbau her ist sie der Burenziege zwar sehr ähnlich, jedoch nicht mit dieser verwandt. Bei frei lebenden Herden trägt die dunkelrote Fellfarbe und dunkel pigmentierte Haut dazu bei, die Tiere vor Fressfeinden zu tarnen. Die mittelgroße Ziege ist sehr stämmig gebaut, mit lockerer Haut am Hals, Ramsnase, langen Hängeohren und mittelgroßen, kräftigen, rückwärts gebogenen Hörnern. Das Fell ist kurz und glänzend.

Verhalten & Pflege Das Schlachtgewicht dieser typischen Fleischziege entspricht etwa demjenigen der Burenziege; das Fleisch ist zart, mager und wohlschmeckend. Die Geißen werfen in der Regel Zwillinge, auch Drillinge sind recht häufig. Angeblich ist die Kalahari Red krankheits- und parasitenresistenter als andere südafrikanische Ziegenrassen und benötigt daher weniger Pflege. Deshalb kann man bei der Aufzucht oft auf Entwurmung und Impfungen verzichten und das Kitzfleisch als Biofleisch vermarkten. Die Ziegen sind friedfertig und umgänglich, nicht an den Menschen gewöhnte Böcke können allerdings aggressiv sein.

Angoraziege

WIDERRISTHÖHE
Bock: 122 cm
Geiß: 91 cm

CLIPPED GEWICHT
Bock: 82–102 kg
Geiß: 32–50 kg

NUTZUNG
Fasern

VERWANDTE RASSEN
Nigora, Pygora

URSPRUNGSLAND Türkei

Zuchtgeschichte & Kennzeichen Diese alte Rasse stammt aus der Türkei (Ankara hieß früher Angora) und existiert möglichweise schon seit 2000 Jahren. Im 18. Jh. importierte man die Ziegen in verschiedene Länder Europas, doch sie gediehen dort nicht; erst im 19. Jh. wurde mit dem Export nach Südafrika und die USA der Grundstein der Mohair-Industrie gelegt. Als Mohair bezeichnet man die seidigen Fasern der Angoraziege (sogenanntes Angora wird nur vom Angorakaninchen geliefert); im Idealfall sind diese gelockten Mohairfasern am gesamten Körper gleich lang. Ursprünglich mussten Angoraziegen reinweiß sein. In den meisten Ländern gilt dies nach wie vor, doch in den USA werden inzwischen auch schwarze, graue, braune und «rote» Farbschläge gezüchtet.

Verhalten & Pflege Die Angoraziege ist eine ruhige und friedfertige, spätreife Rasse, die erst mit etwa 5 Jahren ausgewachsen ist. Sie ist gehörnt – die Böcke tragen massige, bis zu 60 cm lange, spiralig gedrehte Hörner, die der Geißen sind kürzer und sichelförmig. Die Geißen werfen meist nur ein Kitz pro Jahr. Angoraziegen gedeihen am besten in trocken-warmem Klima und vertragen vor allem nach dem Scheren keine Nässe und Kälte. Ideale Bedingungen finden die Ziegen in Südafrika, wo mittlerweile auch nachhaltig produziert wird.

Saanenziege

WIDERRISTHÖHE
Bock: min. 81 cm
Geiß: min. 76 cm

GEWICHT
Bock: min. 75 kg
Geiß: min. 61 kg

NUTZUNG
Milch

VERWANDTE RASSEN
British Saanen, Weiße Deutsche Edelziege

URSPRUNGSLAND Schweiz

Zuchtgeschichte & Kennzeichen Die Saanenziege stammt aus dem Saanetal in der Schweiz. Die Rasse geht auf «Heimgeißen» zurück, die früher von der ärmeren Bevölkerung gehalten wurden; weiße Tiere ließen sich abends leichter auffinden, um sie heimzutreiben. Seit Ende des 19. Jh. wurde sie fast weltweit exportiert und hatte an der Entwicklung vieler Milch- und Zweinutzungsrassen Anteil (teils unter anderem Namen), so in Großbritannien, Frankreich, Australien, USA, Tschechien, Israel, Deutschland (Weiße Deutsche Edelziege), den Niederlanden, Russland, Bulgarien und Rumänien. Laut FAO gibt es zurzeit in mehr als 80 Ländern reinrassige Saanenziegen. Die große, kräftige, aber elegante Saanenziege hat kurze, glatte, weiße bis cremeweiße Haare. Bei der Sable-Saanen, einer in den USA verbreiteten Farbvariante, sind bis auf Weiß oder Cremeweiß alle Farben erlaubt; sie hat dort ein eigenes Herdbuch.

Verhalten & Pflege Die friedfertige, freundliche Saanenziege liefert in der Schweiz durchschnittlich 856 kg Milch mit etwa 3,4 % Fettgehalt bei einer Laktation von 270 Tagen. Die Rasse ist robust, aber empfindlicher als Gämsfarbige Gebirgsziegen und benötigt Schutz vor nasskalter Witterung, wegen der blassen Haut auch vor intensiver Sonneneinstrahlung.

Mini-LaMancha

WIDERRISTHÖHE
Bock: je nach Züchtervereinigung: max. 74 cm/58–74 cm
Geiß: je nach Züchtervereinigung: max. 69 cm/58–69 cm

GEWICHT
Bock: 41–59 kg
Geiß: 34–54 kg

NUTZUNG
Milch

VERWANDTE RASSEN
LaMancha, Nigerian Dwarf, Westafrikanische Zwergziege

URSPRUNGSLAND USA

Zuchtgeschichte & Kennzeichen Die Mini-LaMancha ist eine kleinere Version der normalgroßen LaMancha, deren 1. Generation (F1) entstand, indem man einen eingetragenen Nigerian-Dwarf-Bock mit eingetragenen normalgroßen LaMancha-Geißen verpaarte. Die weiteren Generationen werden dann mit Mini-LaMancha gepaart, auch Rückkreuzen mit Nigerian Dwarf oder normalgroßen LaMancha ist erlaubt. Das typische Kennzeichen der LaMancha und Mini-LaMancha sind die Stummelohren; nur Böcke mit «Gopher-Ohren» sind zur Zucht zugelassen (s. S. 210). Die Mini-LaMancha ist stärker bemuskelt als die meisten Zwerg-Milchziegen. Das Sommerfell ist kurz und glatt, alle Farben sind erlaubt, ebenso braune oder blaue Augen. Die Geißen haben ein gut angesetztes, kugeliges Euter und große, leicht zu melkende Zitzen.

Verhalten & Pflege Die freundliche Mini-LaMancha gilt als ausgeglichenste Zwerg-Milchziegenrasse. Die meisten Geißen geben pro Tag etwa 0,9–3,8 l Milch mit 6–7 % Milchfettgehalt. Sie sind aufmerksame Mütter und haben in der Regel 2–4 Kitze pro Wurf. Größere Mini-LaMancha-Kastraten sind kräftige Tiere und werden als Pack- oder auch Fahrziege geschätzt, da sie stark, vernünftig und willig sind.

Nigora

WIDERRISTHÖHE
Bock: min. 48 cm; meist 61–64 cm
Geiß: min. 46 cm; meist 53–56 cm

GEWICHT
Bock: ca. 82 kg
Geiß: ca. 41 kg

NUTZUNG
Milch, Fasern

VERWANDTE RASSEN
Angora, Nigerian Dwarf

URSPRUNGSLAND USA

Zuchtgeschichte & Kennzeichen Die Nigora existiert seit 1994; sie entstand durch Kreuzung von Nigerian-Dwarf-Böcken mit Angora-Geißen. Sie ist eine kleine bis mittelgroße Ziege mit einem Körperbau vom Milchziegentyp; für einen Herdbucheintrag darf sie nicht mehr als 75 % Angora- oder Nigerian-Dwarf-Erbe haben. Alle Farben und Zeichnungen sind möglich, die Unterwolle darf auch anders gefärbt sein als die Grannenhaare. Die Nigora liefert drei verschiedene Fasertypen: Typ A (wie Mohair von Angoraziegen) mit glänzenden Locken von etwa 15 cm Länge und 28 µm oder weniger Durchmesser; das Fell besteht oft nur aus Unterwolle, kann aber auch Grannenhaare aufweisen. Typ B (der häufigste Typ) wird als Cashgora bezeichnet: eine Mischung zw. Mohair und Kaschmir, die aus flauschigen Löckchen mit erkennbaren Grannenhaaren besteht; die Fasern sind 7,6–15 cm lang mit 24 µm Durchmesser. Typ C ist Kaschmir mit Grannenhaaren, normalerweise 3 cm lang und 18 µm im Durchmesser.

Verhalten & Pflege Die Nigora ist freundlich und angenehm im Umgang. Einzel-Kitze und Zwillinge sind die Regel. Typ-A- und Typ-B-Nigora muss man zweimal im Jahr scheren; bei Typ C kann man das Haar auskämmen, auszupfen oder scheren. Nach dem Scheren muss man die Tiere vor Nässe und Kälte schützen.

Svensk Lantrasget (Schwedische Landrasseziege)

WIDERRISTHÖHE
Bock: ca. 76 cm
Geiß: ca. 64 cm

GEWICHT
Bock: ca. 68 kg
Geiß: ca. 41 kg

NUTZUNG
Milch

VERWANDTE RASSEN
Saanen (sehr entfernt)

URSPRUNGSLAND Schweden

Zuchtgeschichte & Kennzeichen In Schweden gibt es seit der Steinzeit Hausziegen, zu ihren Nachkommen zählt die Svensk Lantrasget (Schwedische Landrasseziege) aus Nordschweden. Sie wurde nur wenig veredelt (Einkreuzen einiger Saanenziegen nach dem 1. Weltkrieg), gehört also zur Gruppe der nordischen Landrassen, die vor allem in Norwegen sehr verbreitet ist. Auch heute noch ist die Svensk Lantrasget in Nordschweden am häufigsten. Da sie eine «primitive» Landrasse ist, erfolgte keine Standardisierung, sodass Größe und Gewicht stark variieren. Sie ist immer langhaarig und einfarbig schwarz oder weiß oder weist Braunschattierungen und Scheckungen auf. Die Tiere sind gehörnt oder genetisch hornlos: Die Geiß hat schlanke, sichelförmige Hörner, der Bock mächtige, zuerst rückwärts, dann auswärts gebogene Hörner.

Verhalten & Pflege Die Geißen liefern pro Tag etwa 1,9–3,3 l Milch mit hohem Fettgehalt bei einer Laktation von 200 Tagen. Die Svensk Lantrasget ist zudem äußerst kälteverträglich und sehr effizient bei der Nahrungssuche. Sie wurde zwar traditionell in den Bergen gehalten und verbrachte nur die kältesten Wintermonate mit entsprechender Fütterung im Stall, doch sie passt sich gut an die meisten Haltungssysteme an. Diese friedfertige und zutrauliche Ziege reagiert besonders gut auf freundliche Behandlung.

British Guernsey

WIDERRISTHÖHE
Bock: min. 71 cm
Geiß: 66 cm

GEWICHT
Bock: min. 68 kg
Geiß: min. 54 kg

NUTZUNG
Milch

VERWANDTE RASSEN
British Saanen, Golden Guernsey, Saanen

URSPRUNGSLAND Großbritannien

Zuchtgeschichte & Kennzeichen 1965 exportierte man Golden-Guernsey-Ziegen von den Kanalinseln nach Großbritannien selbst; da es dort kaum reinrassige Tiere gab, begann man Saanen- oder British-Saanen-Böcke mit Golden-Guernsey-Geißen zu kreuzen. Deren weibliche Nachkommen verpaarte man 2 Generationen lang mit Golden-Guernsey-Böcken und fuhr so lange fort, bis man ⅞-Golden-Guernsey-Tiere erhielt – dies war die British Guernsey. Um British-Guernsey-Kitze zu züchten, darf man heutzutage Golden-Guernsey- oder British-Guernsey-Böcke mit British-Guernsey-Geißen verpaaren. Die British Guernsey ist etwas größer und starkknochiger als die Golden Guernsey und unterscheidet sich von dieser weder in Körperbau, Felltyp, goldblondem Haar noch orangerötlicher Haut.

Verhalten & Pflege Die British Guernsey hat dasselbe Aussehen und Temperament wie ihre Ausgangsrasse. Manche Geißen liefern jedoch mehr Milch als die Golden Guernsey, nämlich pro Laktation 1000 kg mit 3,75 % Milchfett. Die freundliche, ruhige, umgängliche und robuste Ziege ist ideal für Familien- und Kleinhaltung geeignet. Sie verträgt sich aber auch in großen Milchbetrieben mit ihren Artgenossen und wird in Großbritannien in einigen derartigen Betrieben eingesetzt.

Nigerian Dwarf

WIDERRISTHÖHE
Bock: je nach Züchtervereinigung: 60 cm/max. 58 cm
Geiß: je nach Züchtervereinigung: 57 cm

GEWICHT
Bock: 27–36 kg
Geiß: 23–34 kg

NUTZUNG
Milch, Liebhaberhaltung

VERWANDTE RASSEN
American Pygmy, British Pygmy, Mini-Alpine, Mini-LaMancha, Mini-Nubian, Nigora, Westafrikanische Zwergziege

URSPRUNGSLAND USA

Zuchtgeschichte & Kennzeichen Die Vorfahren der heutigen Nigerian Dwarf waren Westafrikanische Zwergziegen, die im 20. Jh. in die USA gelangten (s. S. 68). Dort bezeichnete man sie alle als «Pygmy goats», doch bald fiel auf, dass es zwei Typen gab: die kastenförmigen, kurzbeinigen, achondroplastischen Ziegen, aus denen schließlich die American Pygmy entstand, und schlankere, langbeinigere, wohlproportionierte Ziegen, aus denen die heutige Nigerian Dwarf entwickelt wurde. Letztere sehen wie eine Miniaturausgabe einer normalgroßen Milchziege aus: mit schlanken, aufrechten Ohren, die seitlich etwas abstehen, gerader Nasenlinie und kurzem, glattem Haar. Alle Farbvarianten sind erlaubt, häufig sind Schwarz, Braun (Chocolate) und Gelb (Gold). Die Augen sind braun oder blau.

Verhalten & Pflege Die Nigerian Dwarf zählt in den USA aufgrund ihrer Kleinheit, Freundlichkeit und der guten Milchleistung zu den beliebtesten Milchrassen. Die Geißen sind asaisonal und haben 2–4 Kitze pro Wurf. Diese sind frühreif; die Böckchen versuchen schon mit 2–3 Wochen aufzureiten und können mit 2–4 Monaten eine Geiß decken. Die Geißen geben pro Tag etwa 0,9–3,8 l Milch mit 5–10 % Fettgehalt. Gute Zäune sind ein Muss, um diese aktiven Ziegen an Ort und Stelle zu halten.

Mini-Nubian

WIDERRISTHÖHE
Bock: je nach Züchtervereinigung: max. 79 cm/58–79 cm
Geiß: je nach Züchtervereinigung: max. 74 cm/53–74 cm

GEWICHT
Bock: 45–54 kg
Geiß: 36–48 kg

NUTZUNG
Milch

VERWANDTE RASSEN
Nigerian Dwarf, Nubier, Westafrikanische Zwergziege

URSPRUNGSLAND USA

Zuchtgeschichte & Kennzeichen Durch Kreuzen eines eingetragenen Nigerian-Dwarf-Bocks mit einer eingetragenen, normalgroßen Nubier-Geiß erhält man eine Mini-Nubian der ersten Generation (F1). Anschließend verpaart man deren Nachkommen und weitere Generationen mit anderen Mini-Nubian, Nigerian Dwarf oder normalgroßen Nubier-Ziegen. Ziel dieser Kreuzung ist eine mittelgroße, einfach zu haltende Ziege, die einer Nubier-Ziege ähnelt, aber größere Zitzen hat und mehr Milch gibt als eine Nigerian Dwarf. Die Mini-Nubian ist eine elegante Ziege mit langen Hängeohren und einer geraden oder Rams-Nasenlinie. Der Rumpf ist massig und tief, der Hals lang und graziös, die Beine kräftig, das kugelige Euter gut angesetzt. Alle Farben sind erlaubt, ebenso braune oder blaue Augen.

Verhalten & Pflege Die freundliche Mini-Nubian liebt Aufmerksamkeit, hat eine laute Stimme, geht eine enge Bindung zu ihrem Halter ein und ist «redefreudig». Sie sind für die Kleinhaltung ideal, denn eine Geiß hat etwa ⅔ der Milchleistung einer normalgroßen Nubier-Geiß, frisst aber nur die Hälfte. Pro Tag gibt sie etwa 0,9–3,8 l Milch mit 3,5–6 % Fettgehalt. Einige, aber nicht alle Mini-Nubian-Geißen sind asaisonal; sie haben meist 2–4 Kitze pro Wurf.

British Toggenburg

WIDERRISTHÖHE
Bock: 89–91 cm
Geiß: 76–84 cm

GEWICHT
Bock: 73–100 kg
Geiß: 61–73 kg

NUTZUNG
Milch

VERWANDTE RASSEN
Mini-Toggenburg, Toggenburger

URSPRUNGSLAND Großbritannien

Zuchtgeschichte & Kennzeichen Die British Toggenburg wurde Anfang des 20. Jh. in Großbritannien entwickelt, indem man reinrassige Toggenburger-Böcke mit heimischen Geißen oder mit Kreuzungsgeißen aus heimischen und Schweizer Milchziegenrassen verpaarte. 1925–1943 waren Einkreuzungen gestattet; seither gilt die British Toggenburg als reinrassig. Das Haarkleid ist braun, dunkelbraun oder rehbraun mit «Swiss markings», also weißen Abzeichen im Gesicht (Gesichtsstreifen), an Ohren, Bauch und Schwanz sowie weißen Beinen vom Knie abwärts. Das Haar ist kurz, bei den Böcken allerdings länger und rauer als bei den Geißen. Die British Toggenburg ist größer und langgliedriger als die Schweizer Ausgangsrasse und gibt meist mehr Milch.

Verhalten & Pflege Die British Toggenburg ist wachsam, aber freundlich und umgänglich und besonders langlebig. Eine Geiß liefert pro Laktation etwa 1200 kg Milch mit 3,68 % Fettgehalt, benötigt bei dieser hohen Milchleistung aber gutes Futter und gute Weidemöglichkeiten. Die Rasse wurde in viele Länder exportiert, doch feuchtheißes Klima bekommt ihr nicht. Übrigens war William de Goat, das berühmte Truppen-Maskottchen der Briten im 2. Weltkrieg, ein British-Toggenburg-Kastrat.

Appenzeller Ziege

WIDERRISTHÖHE
Bock: ca. 86 cm
Geiß: ca. 76 cm

GEWICHT
Bock: ca. 64–66 kg
Geiß: ca. 45 kg

NUTZUNG
Milch

VERWANDTE RASSEN
keine

URSPRUNGSLAND Schweiz

Zuchtgeschichte & Kennzeichen Die Appenzeller Ziege (franz. *Chèvre d'Appenzell*) entstand vor weit über 100 Jahren im Appenzellerland (Nordostschweiz). Ursprünglich war das Haarkleid weiß, schwarz, braun oder gescheckt, doch ab 1902 begann man, gezielt weiße, langhaarige, genetisch hornlose Ziegen auszulesen; auch heute noch entspricht die Rasse diesem Standard. Früher sommerten große Herden auf den Alpweiden, doch inzwischen ist diese Traditionsrasse stark gefährdet. Dank der Unterstützung von ProSpecieRara, Schweizer Ziegenzuchtverband und Regierung nehmen die Bestände jüngst wieder zu. Die Appenzeller Ziege wurde wenig exportiert; sie ist die kleinste Schweizer Ziegenrasse: reinweiß mit heller Haut wie die Saanenziege, sie ist aber hornlos, stärker untersetzt und bemuskelt und nicht so elegant. Ein englischer Autor verglich sie 1886 vom Typ her mit der Toggenburger Ziege, nur kleiner und weiß.

Verhalten & Pflege Die verspielte und friedfertige Appenzeller ist sehr robust und kommt mit den meisten Klimabedingungen zurecht. Sie fühlt sich auf felsigen Bergweiden wohl, benötigt in den kältesten Monaten aber Stallhaltung. Eine Geiß gibt durchschnittlich 750–800 kg Milch mit 2,9–3,0 % Fettgehalt bei einer Laktation von 270 Tagen – die Milch wird vor allem zu Käse verarbeitet.

Old English Goat

WIDERRISTHÖHE
Bock: ideal 71 cm;
66–76 cm akzeptabel
Geiß: ideal 66 cm;
61–71 cm akzeptabel

GEWICHT
Bock & Geiß: 44–55 kg

NUTZUNG
seltene, alte Rasse

VERWANDTE RASSEN
Arapawa, British Feral

URSPRUNGSLAND Großbritannien

Zuchtgeschichte & Kennzeichen Die Old English stammt von Ziegen ab, die mit neolithischen Bauern nach Europa gelangten: Es entwickelten sich widerstandsfähige Schläge, die auf Grenzertragsböden in rauem Klima zurechtkamen und dabei Fleischkitze und etwas Milch lieferten. Die kleinen, untersetzten Tiere haben einen tiefen, breiten Körper, kurze, kräftige Beine, ein recht schmales Maul, konkave Nasenlinie und kleine, aufgestellte Ohren. Beide Geschlechter tragen einen Bart, die meisten sind gehörnt. Die Hörner sind zuerst gerade und dann nach rückwärts oder auswärts geschwungen. Die meisten Farben (auch Scheckungen) sind vertreten; am häufigsten ist graues oder braunes Fell mit oder ohne schwarze Abzeichen. Nicht erlaubt sind «Swiss markings». Das Deckhaar ist kurz oder struppig, aber niemals glatt, die Unterwolle besteht aus feinem Kaschmir. Das Herdbuch wird von der Old English Goat Society geführt, auch redomestizierte British Feral Goats gelten als Teil der Rasse.

Verhalten & Pflege Die aktiven, wachen Ziegen sind genügsam und daher vor allem in der Landschaftspflege beliebt. Früher waren sie die typischen Ziegen der Kleinstbauern; der Milchertrag ist nicht hoch, zudem liefern sie Fleisch und Felle. Auch die gehörnten Schädeltrophäen der Böcke erzielen einen hohen Preis.

American Pygmy

WIDERRISTHÖHE
Bock: max. 60 cm
Geiß: max. 57 cm

GEWICHT
Bock: 27–41 kg
Geiß: 23–36 kg

NUTZUNG
Familienziege, Milch

VERWANDTE RASSEN
British Pygmy, Nigerian Dwarf, Westafrikanische Zwergziege

URSPRUNGSLAND USA

Zuchtgeschichte & Kennzeichen Die American Pygmy, auch kurz als Pygmy bezeichnet, stammt direkt von der Westafrikanischen Zwergziege ab. Bereits 1909 gelangten erste Zwergziegen aus Westafrika und dem Südsudan in die USA, in den 1930ern bis 1960ern folgten weitere. Liebhaber gründeten daraufhin 1975 die National Pygmy Goat Association (NPGA). Die Pygmy hat stehende Ohren, eine konkave Nasenlinie und ein üppiges, glattes, mittellanges Haarkleid. Sie ist ein achondroplastischer Zwerg, also kompakt, klein und gut bemuskelt; Kopf und Gliedmaßen sind kurz im Verhältnis zum Rumpf. Als Farbvarianten kommen Reinschwarz, Schwarz mit weißen Abzeichen, verschiedene Agouti-Varianten sowie Caramel mit schwarzen oder braunen Abzeichen vor.

Verhalten & Pflege Die freundliche, intelligente American Pygmy wird gerne als Familienziege gehalten. Eine Geiß gibt pro Tag etwa 0,9–1,9 l Milch mit 5–10 % Fettgehalt; angeblich enthält diese mehr Calcium, Phosphor, Kalium und Eisen als die Milch der großen Milchziegenrassen. Die Geißen sind frühreif, asaisonal, haben 2–4 Kitze (manchmal 5) pro Wurf und sind aufmerksame Mütter. Sie dürfen nicht verfetten, da es sonst zu Problemen bei der Geburt kommen kann.

Pygora

WIDERRISTHÖHE
Bock: min. 58 cm
Geiß: min. 46 cm

GEWICHT
Bock: 34–64 kg
Geiß: 36–54 kg

NUTZUNG
Fasern

VERWANDTE RASSEN
American Pygmy, Angora

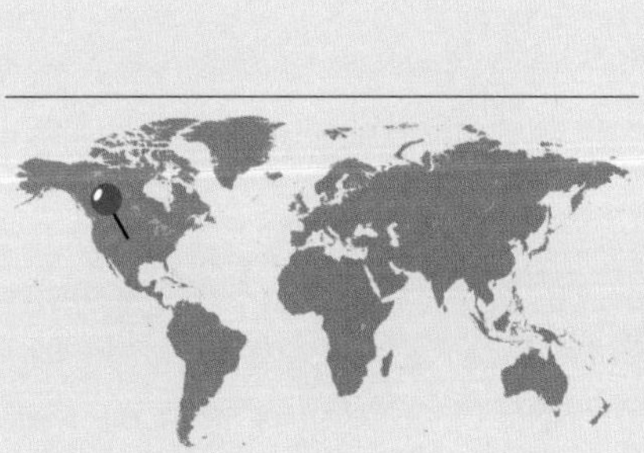

URSPRUNGSLAND USA

Zuchtgeschichte & Kennzeichen Die Pygora (eine mittelgroße Wollziege mit farbigem Haarkleid) entstand in den 1980ern durch Kreuzung von American-Pygmy-Geißen mit weißen Angora-Böcken. Die F1-Generation dieser Kreuzung gilt noch nicht als Pygora, darf aber in die F1-Sparte des Herdbuchs eingetragen werden. Die F1-Tiere müssen mit Pygora verpaart werden, damit die Nachkommen «echte» Pygora sind. Doch diese Nachkommen und alle weiteren Generationen dürfen mit Angora, American Pygmy oder Pygora verpaart werden, solange sie nicht mehr als 75 % Angora- oder American-Pygmy-Erbe haben. Alle Farben der American Pygmy sowie deren Verdünnungen und Reinweiß sind erlaubt. Die Pygora liefert drei verschiedene Fasertypen: Typ A ähnelt feinem Kid-Mohair, bis zu 15 cm lang; Typ B ist weich, gelockt, 7,6–15 cm lang und mit Mohair- und Kaschmir-Merkmalen (Cashgora); Typ C ist ultraweich, kaschmirähnlich mit mattem Finish, 2,5–7,6 cm lang. Typ A und B muss man zweimal im Jahr scheren; bei Typ C kann man das Haar auskämmen, auszupfen oder scheren.

Verhalten & Pflege Die Pygora ist freundlich, verspielt und angenehm im Umgang, dabei robuster als reinrassige Angoraziegen. Sie benötigt aber, vor allem nach dem Scheren, einen Unterstand zum Schutz vor Nässe und Kälte.

Myotonic Goat (Fainting Goat)

WIDERRISTHÖHE
Bock: min. 71 cm
Geiß: min. 66 cm

GEWICHT
Bock: min. 68 kg
Geiß: min. 54 kg

NUTZUNG
alte Rasse, Fleisch, Familienziege

VERWANDTE RASSEN
Miniature Silky Fainting Goat

URSPRUNGSLAND USA

Zuchtgeschichte & Kennzeichen Die Myotonic oder Fainting Goat, auch als myotonische oder «ohnmächtige» Ziege bekannt, ist eine Landrasse, die in den 1880ern in Tennessee entstand (s. S. 66). Sie ist muskulös und breit; aufgrund der regelmäßigen Muskelkontraktionen ist vor allem die Hinterhand besonders gut entwickelt (Ursache ist die Erbkrankheit Myotonia congenita, die z. B. bei Erregung zum Krampfen führt). Die Tiere sind meist gehörnt (mit einem Spektrum von großen, gebogenen Hörnern bis zu einfachen, rückwärts gerichteten), manchmal auch genetisch hornlos. Die Rasse ist vorwiegend kurzhaarig, gelegentlich auch mit längerem, dichterem Haarkleid. Alle Farben, Muster und Abzeichen sind erlaubt, schwarz-weiß gescheckt ist am häufigsten.

Verhalten & Pflege Die Myotonic Goats sind leicht zu halten: Sie sind freundlich, besonders friedfertig und lassen sich gut im Gehege halten, da sie krampfen, wenn sie über Zäune klettern. Außerdem sind sie deutlich resistenter gegen Parasiten als viele andere Rassen. Sie sind asaisonal, Zwillings- und Drillingsgeburten sind die Norm. Das Ausmaß der Muskelstarre ist variabel: Bei manchen Individuen tritt sie nur gelegentlich auf, ohne dass sie hinfallen; andere Tiere können sich nur steif bewegen und krampfen schon bei einer kleinen Hürde oder leichtem Erschrecken.

San Clemente

WIDERRISTHÖHE
Bock: min. 69 cm
Geiß: min. 66 cm

GEWICHT
Bock: 57–68 kg
Geiß: 23–36 kg

NUTZUNG
Landschaftspflege

VERWANDTE RASSEN
keine

URSPRUNGSLAND USA

Zuchtgeschichte & Kennzeichen Diese extrem gefährdete Rasse wird von der Livestock Conservancy (USA) überwacht. Ein Schäfer brachte die Ziegen 1875 von Santa Catalina auf die Nachbarinsel San Clemente (beide vor der kalifornischen Küste). Eine verwilderte Population existierte bis in die 1980er, als die US-Navy ihre Keulung befahl (die Insel ist ein Marinestützpunkt). Eine Schutzorganisation konnte über 3000 Ziegen auf dem Festland ansiedeln und die Rasse dadurch retten. Die meisten Ziegen zerstreuten sich, doch einige Züchter fingen kleine Herden ein und gründeten die San Clemente Island Goat Foundation. Anhand von DNA-Untersuchungen zeigte sich 2007, dass die Ziegen nicht mit der Spanish-Ziege verwandt sind. Die San Clemente ist hellbraun bis dunkelrot mit schwarzen, rassetypischen Abzeichen. Die zartknochige, rehähnliche Ziege hat ein langes, schmales Gesicht mit konkaver Nasenlinie und schmalen, waagerecht getragenen Ohren. Der Bock hat große, auswärts gebogene Hörner, bei der Geiß sind sie kleiner und rückwärts gebogen.

Verhalten & Pflege Die robuste, wachsame, aktive und gelenkige San Clemente hat keine wirtschaftliche Bedeutung, ist aber für die Landschaftspflege ideal, da sie bei der Nahrungssuche sehr gründlich ist.

Spanish

WIDERRISTHÖHE
Bock & Geiß: variabel, je nach Zuchtlinie

GEWICHT
Bock & Geiß: 23–90 kg

NUTZUNG
Fleisch, Landschaftspflege

VERWANDTE RASSEN
keine

URSPRUNGSLAND USA

Zuchtgeschichte & Kennzeichen Als Kolumbus 1492 mit seiner Flotte von Spanien aufbrach, führte er auch Ziegen mit sich. Während der Reise setzten die spanischen Seefahrer auf allen Inseln der Route Ziegen aus, da sie wussten, dass diese sich dort vermehren und bei Folgereisen als Frischfleischproviant dienen konnten. Diese Tiere wurden die Vorfahren der heutigen Spanish-Ziege, einer Landrasse, die durch natürliche Selektion und geografische Isolation geprägt wurde. Daher variiert die Spanish von einer Region zur anderen. Die Nasenlinie ist gerade oder leicht konkav, die mäßig langen Ohren hängen leicht herab. Die Rasse hat kräftige Hörner und ist relativ langbeinig und großrahmig. Das Fell ist meistens kurz; alle Farben sind zugelassen. Die Spanish wird von der Livestock Conservancy (USA) überwacht.

Verhalten & Pflege Die Spanish ist wachsam, robust und parasitenresistenter als viele andere Ziegenrassen. Sie ist sehr effizient bei der Nahrungssuche, gedeiht bei minimalem Aufwand und ist daher ideal für die Landschaftspflege, doch sie benötigt ausreichend Schutz vor Regen und Sturm. Die langlebigen, fruchtbaren Geißen haben 1–3 Kitze pro Wurf. Die freundlichen, kräftigen «Mönche» werden gerne als Pack- oder Fahrziege eingesetzt.

Thüringer Waldziege

WIDERRISTHÖHE
Bock: 76–81 cm
Geiß: 74–76 cm

GEWICHT
Bock: ca. 57 kg
Geiß: ca. 48 kg

NUTZUNG
Milch, Fleisch, Landschaftspflege

VERWANDTE RASSEN
Toggenburger

URSPRUNGSLAND Deutschland

Zuchtgeschichte & Kennzeichen Die Thüringer Waldziege entstand Ende des 19. Jh., als man bunte thüringische Landschläge mit Schweizer Ziegen kreuzte, vor allem mit der Toggenburger Ziege. Wichtigste Zuchtziele waren hohe Milchleistung, Widerstandsfähigkeit und Vitalität. Zeitweilig bezeichnete man sie als Thüringer Toggenburger, begründete aber 1935 ein Herdbuch und benannte sie in Thüringer Waldziege (TWZ) um. Die Rasse war bis in die Nachkriegszeit sehr häufig, ging dann aber stark zurück und gilt heute als stark gefährdete Haustierrasse. Sie hat ein hell- bis dunkelschokoladenbraunes Fell ohne Aalstrich, auffällige Gesichtsmaske, weiß gesäumte, stehende Ohren, weiße Unterbeine und einen weißen «Spiegel». Die Haare sind kurz und eng anliegend.

Verhalten & Pflege Die agile, trittsichere und robuste TWZ ist gut an Bergland und raues Klima angepasst. Sie ist relativ parasitenresistent und effizient in der Nahrungssuche, daher muss nur gegen Ende der Trächtigkeit oder im tiefsten Winter zugefüttert werden. Die Ziegen werden gerne in der Landschaftspflege eingesetzt. Das Fleisch ist mager und schmackhaft, die Schlachtausbeute ist hoch. Die Geißen liefern 680–1000 kg Milch mit etwa 3,5 % Milchfett bei einer Laktation von 240 Tagen. Sie sind frühreif, fruchtbar und haben oft Mehrlingsgeburten.

Karpatenziege

WIDERRISTHÖHE
Bock: ca. 69–71 cm
Geiß: ca. 61–64 cm

GEWICHT
Bock: ca. 52 kg
Geiß: ca. 36 kg

NUTZUNG
Milch, Fleisch

VERWANDTE RASSEN
keine

URSPRUNGSLAND Polen

Zuchtgeschichte & Kennzeichen Die Karpatenziege (polnisch *Karpacka*, rumänisch *Carpatină*) entstand im 19. Jh. im polnischen Teil der Karpaten. Ende des 20. Jh. gab es nur noch wenige Tiere, doch es gelang, eine kleine, 2005 entdeckte Herde im polnischen Forschungsinstitut für Tierproduktion bei Krakau weiterzuzüchten und die Rasse zu retten. Inzwischen gibt es Bestände in Polen und Rumänien. Die Karpatenziege ist langhaarig mit recht schlankem Rumpf, gerader Nasenlinie und langen, schmalen Ohren. Die Böcke haben kräftige, gedrehte Hörner, bei den Geißen sind sie dünn und rückwärts gebogen. Die Karpatenziegen in Polen haben meist ein weißes Fell, in Rumänien kommen weiße, rote, schwarze, graue oder gescheckte Farbschläge vor. Im Winter entwickelt sich eine feine Kaschmir-Unterwolle von 18–24 µm Durchmesser (s. S. 132).

Verhalten & Pflege Die Karpatenziege ist ausgeglichen, besonders robust und sehr effizient bei der Nahrungssuche. Die Laktation dauert 9 Monate, doch die Geißen geben nur etwa 1 l Milch pro Tag; diese enthält aber 4,5–5 % Milchfett und eignet sich bestens zur Käseherstellung. Ein oder zwei Kitze pro Wurf sind die Regel; sie sind recht frühreif, werden als Fleischkitz aufgezogen und können im Alter von 2 Monaten mit etwa 8–14 kg Gewicht geschlachtet werden.

American Cashmere

WIDERRISTHÖHE
Bock & Geiß: variabel

NUTZUNG
Fasern

GEWICHT
Bock & Geiß: variabel

VERWANDTE RASSEN
keine

URSPRUNGSLAND USA

Zuchtgeschichte & Kennzeichen Alle Ziegenrassen (bis auf Rassen mit einheitlichem Vlies aus nur einem Haartyp – z. B. Angoraziege) bilden im Winter warmes Unterhaar aus; sehr feines Unterhaar wird als Kaschmir bezeichnet. Die Kaschmirziegen – sie liefern diese Fasern in entsprechender Menge und Qualität – gelten als Rassengruppe. Züchter in den USA haben sich jedoch zusammengetan, um mit der American Cashmere eine eingetragene Rasse mit Herdbuch zu schaffen. Diese Ziege muss einen harmonischen Körperbau mit langem, tiefem, breitem Rumpf, geradem Rücken und kräftigen Beinen aufweisen und zudem gehörnt sein. Weiß gilt als erwünscht; sämtliche anderen Farben sind erlaubt, doch an den Körperteilen, die geschoren werden (Hals, Schultern, Flanken, Schenkel), sollte die Farbe einheitlich sein.

Verhalten & Pflege Die Kaschmirfasern werden geschoren oder ausgekämmt, wenn der Fellwechsel beginnt. Die American Cashmere ist aufmerksam, aktiv, aber umgänglich. Die Geißen sind gute Mütter und benötigen beim Ablammen selten Hilfe. Das ruhige Temperament der Rasse erlaubt ein einfaches Auskämmen der Kaschmirfasern. Damit das Kaschmirvlies makellos bleibt, muss man die Ziegen in reinlicher Umgebung halten, da sich sonst Pflanzenmaterial, Kot oder Futterreste im Fell verfangen können.

Old Irish Goat

WIDERRISTHÖHE
Bock: 61–69 cm
Geiß: 56–61 cm

GEWICHT
Bock & Geiß: 45–54 kg

NUTZUNG
alte Rasse, Landschaftspflege

VERWANDTE RASSEN
Old English Goat

URSPRUNGSLAND Irland

Zuchtgeschichte & Kennzeichen Vor 5000 Jahren brachten neolithische Siedler Ziegen nach Irland; die Old Irish stammt von diesen ab und war früher die wichtigste Ziege der Landbewohner. Heute existiert sie hauptsächlich in verwilderten Ziegenpopulationen, die von Klima und Landschaft geprägt in unzugänglichen, rauen Gebieten leben. Sie gehört zur Gruppe der nordischen Landrassen, zu der auch Old English Goat, Islandziege und Lappget zählen. Die kleine, untersetzte Old Irish hat kurze, kräftige Beine, einen tiefen Rumpf mit rundem Bauch, kleine Ohren, eine konkave Nasenlinie mit ausgeprägter Stirn. Der Bock hat riesige, quer gerillte Hörner; diese sind bei beiden Geschlechtern nach hinten und auswärts geschwungen. Genetisch hornlose Tiere sind selten. Das lange Haarkleid kann unterschiedlich gefärbt sein.

Verhalten & Pflege Eine redomestizierte Old Irish Goat benötigt wenig Pflege und ist daher für Kleinhaltung geeignet; sie liefert wenig, aber fetthaltige Milch, dazu schmackhaftes Fleisch. Die Ziegen sind robust und aufmerksam, zudem freundlich und umgänglich. Sie halten sich am liebsten draußen auf und benötigen bis auf die kältesten Wintermonate nur einen Unterstand zum Schutz vor Sturm und Regen – deshalb sind sie ideal für die Landschaftspflege geeignet.

Kaschmirziegen der Mongolei

WIDERRISTHÖHE
Bock & Geiß: variabel

GEWICHT
Bock & Geiß: variabel

NUTZUNG
Fasern

VERWANDTE RASSEN
keine

URSPRUNGSLAND Mongolei

Zuchtgeschichte & Kennzeichen Die Mongolei zählt zu den wichtigsten Produzenten von Kaschmirfasern («Kaschmir»); dies wird von mehreren Wollziegenrassen gewonnen. Die einfach als «Mongolische Ziege» *(Mongol Yamaa)* bezeichnete Rasse lebt in trockenen Hochgebirgssteppen mit Temperaturen von –33 °C bis +37 °C. Sie liefert weiße Kaschmirfasern, doch das lange Deckhaar kann weiß, schwarz, blaugrau, braun oder gescheckt sein. Wie alle mongolischen Kaschmirziegen ist sie klein (Böcke etwa 66 cm Widerristhöhe), leicht, mit kräftigen Hörnern. Die braune Uuliin Bor wird in der Westmongolei gehalten; sie entstand durch Kreuzen von mongolischen Kaschmirziegen mit der russischen Altai-Gebirgsziege. Weitere wichtige Kaschmirlieferanten sind die Gobi Wool Goat (*Gobi survan saikhan*; dunkelgrau, entstanden aus Kreuzung mongolischer mit russischen Don-Ziegen) sowie in der Inneren Mongolei die weißen Albas Down und Alashan Down.

Verhalten & Pflege Kaschmirziegen sind extrem robust. Neben dem Kaschmir werden auch Häute und Grannenhaar verwertet, zudem Fleisch und Milch für den Hausgebrauch. Alle sind an kalte Witterung angepasst und leben im hohen Norden, daher genügt ein Unterstand, der vor Wind und Schneetreiben schützt.

Arapawa

WIDERRISTHÖHE
Bock & Geiß: 66–76 cm

GEWICHT
Bock: ca. 57 kg
Geiß: 27–36 kg

NUTZUNG
alte Rasse

VERWANDTE RASSEN
Old English Goat

URSPRUNGSLAND Neuseeland

Zuchtgeschichte & Kennzeichen Die Vorfahren der heutigen Arapawa gelangten vermutlich mit Entdeckern, Wal- und Robbenfängern sowie Siedlern nach Neuseeland. Diese ersten Ziegen waren wahrscheinlich Old English Goats (in Großbritannien wäre die Rasse durch Einkreuzen fast ausgestorben). Auf der isolierten Arapawa-Insel konnte sich die alte Rasse unverfälscht vermehren. Als der New Zealand Forest Service in den 1980ern die Ziegen auf Arapawa keulte, richteten zwei Bewohner auf ihrer Farm ein Schutzgebiet für 40 Ziegen ein. Alle heute lebenden Arapawas stammen von diesen 40 Farmziegen und 9 verbliebenen verwilderten Ziegen ab. Inzwischen wurden zwar Arapawas nach USA und Großbritannien exportiert, doch weltweit ist die Rasse stark gefährdet. Das Haarkleid ist hellbraun, braun, weiß und schwarz mit entsprechenden Farbkombinationen. Typisch sind schwarze Gesichtsstreifen, lange Schenkelbehaarung, kleine Ohren und die ausladenden Hörner der Böcke.

Verhalten & Pflege Die Arapawa ist wachsam und aktiv, dabei aber umgänglich. Wie andere ehemals verwilderte Populationen ist sie besonders robust. Sie ist freundlich und neigt dazu, enge Bindungen mit Familiengruppen und Menschen einzugehen. Da sie sehr gut springen kann, sind ziegensichere Zäune ein Muss.

LaMancha

WIDERRISTHÖHE
Bock: min. 76 cm
Geiß: min. 71 cm

GEWICHT
Bock: min. 70 kg
Geiß: min. 57 kg

NUTZUNG
Milch

VERWANDTE RASSEN
Mini-LaMancha

URSPRUNGSLAND USA

Zuchtgeschichte & Kennzeichen Die LaMancha entstand in den 1930ern in den USA und stammt angeblich teils von Ziegen ab, die im frühen 18. Jh. mit spanischen Missionaren nach Kalifornien gelangten. Typisch für diese mittelgroße Ziege sind kurze Stummelohren bzw. «Ohrlosigkeit»: Die wie «verschrumpelt» wirkenden «Gopher-Ohren» sind höchstens 2,5 cm lang, der Ohrknorpel ist kaum oder gar nicht entwickelt. Die aufrechten «Elfen-Ohren» weisen eine bis 5 cm lange, verknorpelte Ohrmuschel auf. Nur Böcke mit «Gopher-Ohren» sind zur Zucht zugelassen, da bei der Verpaarung von zwei Tieren mit Elfen-Ohren ein Teil der Nachkommen normale Ohren hat. Das Fell ist kurz, dünn und glänzend, alle Farbvarianten und Muster sind erlaubt.

Verhalten & Pflege Die LaMancha ist im Allgemeinen freundlich, ausgeglichen und umgänglich. Sie ist zudem robust und kommt mit jedem Klima gut zurecht, lässt sich einfach halten und ist daher für Kleinhaltung, aber auch Großbetriebe geeignet. Die Milchleistung liegt bei durchschnittlich 1065 kg, der Milchfettgehalt bei 3,7 %, und die Laktation dauert 275–305 Tage.

Lappget (Lappenziege, Sampi)

WIDERRISTHÖHE
Bock & Geiß: ca. 71 cm

GEWICHT
Bock & Geiß: 23–70 kg

NUTZUNG
Milch

VERWANDTE RASSEN
keine

URSPRUNGSLAND Schweden

Zuchtgeschichte & Kennzeichen Die Lappget ist in Nordschweden heimisch und wurde von den nomadischen Samen (Lappen) als Milch- und Fleischziege gehalten. Aus den Häuten stellte man Beutel, Hüte und Kleidungsstücke her, aus den Hörnern Knöpfe, Löffel oder Pulverhörner. Die Rasse galt als ausgestorben, bis man 2001 bei Fatmomakke (Südlappland) 7 Tiere fand. Die Erhaltung dieser alten Rasse wird inzwischen von der Regierung unterstützt, und die Lappget ist zwar noch extrem gefährdet, doch die Bestände haben erfreulich zugenommen. Gewicht und Widerristhöhe variieren stark, wie bei Landrassen häufig. Die im Verhältnis zur Körpergröße relativ kurzbeinige Ziege hat eine breitere Stirn als üblich. Das Fell ist meist weiß, kann aber auch schwarz, schwarz mit grau und gescheckt sein. Die kräftigen Hörner der Böcke sind rückwärts und an der Spitze manchmal etwas auswärts gebogen; bei den Geißen sind sie schlank und rückwärts gebogen.

Verhalten & Pflege Die wachsame, aber freundliche Lappget ist vollständig an das Leben im gebirgigen hohen Norden angepasst und daher sehr winterhart. Sie geben nicht viel Milch, doch diese ist dank des hohen Proteingehalts ideal zur Käseherstellung.

Anhang

Glossar

AMMONIUMCHLORID – Mineralstoff, der an männliche Ziegen verfüttert wird, um die Bildung von Blasen- und Nierensteinen zu verhindern.

ADGA – American Dairy Goat Association.

ANÖSTRUS – Ruhepause, in der eine Geiß keine Brunstzyklen (Östruszyklen) durchläuft.

ASAISONALE BRUNST – Ganzjährig ablaufende Brunstzyklen; die Geiß wird also ganzjährig brünstig. Typisch für Ziegenrassen, die relativ nahe am Äquator entstanden sind, wie Burenziege (Südafrika), Kiko (Neuseeland) und Westafrikanische Zwergziege: sogenannte **ASAISONALE RASSEN**.

BLÄTTERMAGEN (PSALTER ODER OMASUM) – Dritter Vormagen der Wiederkäuer, sitzt zwischen Netzmagen und Labmagen.

BOCK, ZIEGENBOCK – Unkastrierte männliche Ziege.

BOLUS – «Klumpen» (altgriech. *bolos*): eine Nahrungsportion, die heruntergeschluckt oder beim Wiederkäuen wieder hochgewürgt wird.

BRUNST (ÖSTRUS) – Zeitraum, währenddessen die Geiß empfängnisbereit ist (sich vom Bock decken lässt, «Hitzeperiode») und trächtig werden kann.

BRUNSTZYKLUS (ÖSTRUSZYKLUS) – Der Fortpflanzungszyklus der Geiß; Zeitraum vom Beginn einer Brunst bis zum Beginn der nächsten.

CABRITO/CAPRETTO – Portugiesische/spanische *(cabrito)* bzw. italienische *(capretto)* Bezeichnung für das Fleisch eines Milchzickleins.

CAPRIN – Adjektiv «zur Ziege gehörig»: zum Beispiel Caprine Arthritis-Encephalitis (CAE), eine Gelenk- und Gehirnerkrankung der Ziegen.

DULDUNGSPHASE, STEHZEIT – Zeitraum während der Brunst (Östrus), in dem eine Geiß sich vom Bock decken lässt.

ENTHORNUNG – Entfernung bereits existierender Hörner sowie das Ausbrennen oder Ausätzen der Hornanlagen.

EUTER – Das Organ weiblicher Huftiere, das die Milchdrüsen enthält.

EUTERBAND, ZENTRALBAND – Kräftiges Bindegewebsband, das die beiden Euterhälften trennt und die Hauptlast des Euters trägt.

F1-GENERATION – 1. Nachkommengeneration aus einer Kreuzung.

FAINTING GOAT – Umgangssprachlich für Myotonic Goat (Myotonische Ziege; wörtlich «ohnmächtige Ziege»), siehe Stichwort *Myotonic Goat.*

FLEHMEN – Wittern mit geöffnetem Maul und hochgezogener Oberlippe, um mithilfe des Jacobson-Organs spezifische Gerüche wahrzunehmen.

FRUCHTBARKEIT – Maß für die Zahl der lebend geborenen Kitze pro Geiß (auf Jahr oder Gesamt-Zuchtjahre bezogen).

GAUMENPLATTE, KAUPLATTE, DENTALPLATTE – Derbe verhornte Platte am Vorderende des Oberkiefers; ersetzt die oberen Schneide- und Eckzähne.

GEISS – Weibliche Ziege. Die weibliche Ziege wird häufig einfach als «Ziege» bezeichnet. Umgangssprachlich wird sie auch «Zicke» genannt.

GETREIDE – Samen von Getreidearten wie Hafer, Mais, Gerste, Hirse und Weizen.

GRÜNDERTIERE – Die ersten Individuen, die bei der Entwicklung einer neuen Rasse oder bei einem bestimmten Zuchtprogramm eingesetzt werden.

GRÜNFUTTER – Frische, nicht verholzte («grüne»), oberirdische Pflanzenteile wie Gras, Kräuter, frisches Laub.

HARNSTEINE, HARNGRIESS – Salzkristalle («Steine, Grieß»), die sich im Harntrakt bilden und bei männlichen Ziegen zum Harnröhrenverschluss führen können.

HERMAPHRODIT – Individuum, das gleichzeitig männliche und weibliche Geschlechtsorgane besitzt.

HYBRIDE – Produkt aus der Kreuzung von zwei Rassen mit deutlich unterschiedlichen Merkmalen.

JUNGBOCK, BÖCKCHEN – Noch nicht ausgewachsene, unkastrierte männliche Ziege; unkastriertes männliches Kitz.

KASTRAT, MÖNCH – Kastrierte männliche Ziege.

KOLOSTRUM, VORMILCH, ERSTMILCH – Erste Milch, die von der Geiß nach der Geburt gebildet wird; sie enthält viele Antikörper und schützt das neugeborene Kitz vor Infektionen.

KRAFTFUTTER – Energiereiches, ballaststoffarmes, leicht verdauliches Futter, zum Beispiel Getreide.

LABMAGEN (ABOMASUM) – Vierter Abschnitt des Wiederkäuermagens; hier beginnt die eigentliche Verdauung.

LAKTATION – Produktion und Sekretion von Milch; Zeitraum, in dem ein weibliches Säugetier Milch gibt.

LANDRASSE, LANDSCHLAG – Lokal angepasste, traditionelle Nutztierrasse («bodenständiger Schlag»), die sich im Lauf der Zeit vor allem durch natürliche Auslese entwickelt hat.

MASTITIS – Euterentzündung.

MAULHARNEN – Verhalten des Ziegenbocks während der Deckzeit: Er benetzt vor allem Kopf und Hals mit seinem Harn, was den Bockgeruch intensiviert und vermutlich die Brünstigkeit der Geißen verstärkt.

MECKERN – Lautäußerungen der Ziege.

MIKROMETER – Längenmaß, das einem Millionstel Meter entspricht (Symbol µm); wird verwendet, um den Durchmesser der Wollfaser anzugeben.

MILCHFLUSSREFLEX – Reflektorische Sezernierung von Milch durch die Milchdrüsen.

MYOTONIA CONGENITA – Vererbbare neuro-muskuläre Störung, die bei myotonischen Ziegen zu einer «Schreckstarre» (Myotonie) führen kann: Dabei kommt es zur unwillkürlichen kurzzeitigen Verkrampfung der Skelettmuskeln.

MYOTONIC GOAT (FAINTING GOAT) – Besondere Ziegenrasse, die das Gen für Myotonia congenita besitzt; Träger der Störung fallen unvermittelt in Schreckstarre.

NETZMAGEN (RETICULUM) – Zweiter Vormagen der Wiederkäuer.

NPGA – National Pygmy Goat Association

PANSEN (RUMEN) – Erster Vormagen der Wiederkäuer, in dem die Zellulose durch Mikroorganismen aufgeschlossen wird.

PHÄNOTYP – Die Gesamtheit der äußerlich erkennbaren Merkmale eines Individuums.

POLLED – Genetisch (natürlich) hornlos; englischer Begriff, der bei der Züchtung von hornlosen Ziegen eine Rolle spielt.

POSTPARTALE PHASE – Nachgeburtliche Phase, Phase nach der Geburt.

PRÄPARTALE PHASE – Vorgeburtliche Phase, Phase vor der Geburt.

PROCESSUS URETHRAE – Der lange, dünne Fortsatz der Harnröhre an der Penisspitze beim Ziegenbock.

RAMSKOPF – Kopf mit konvex gewölbter Nasenpartie (sogenannte Ramsnase), auch für bestimmte Rassen wie Burenziege (eine Fleischziege) und Nubier-Ziege (eine Milchziege) typisch.

RASSE – Ziegen, die in Fellfarbe, Körperbau und anderen Merkmalen ihren Vorfahren ähneln und diese Eigenschaften auch an ihre Nachkommen weitergeben.

RAUFUTTER – Pflanzliches Futter mit viel strukturierter Rohfaser, wie Stroh, Heu sowie Reisig, Rinde und Laub von Bäumen und Sträuchern.

REGISTRIERTES ZUCHTTIER – Tier, das in ein Herdbuch eingetragen ist und eine Herdbuchnummer des betreffenden Zuchtvereins besitzt.

REINZUCHT – Über etliche Generationen werden nur Tiere, die einer bestimmten Zuchtpopulation angehören, miteinander gepaart.

SAISONALE BRUNST – Nur in einem bestimmten Teil des Jahres ablaufende Brunstzyklen; die Geiß wird nur zu einer bestimmten Jahreszeit brünstig. Sogenannte **SAISONALE RASSEN**; typisch für die meisten Milchziegenrassen.

SCHLACHTKITZ, MASTKITZ – Zicklein, das speziell für den Fleischmarkt aufgezogen wird.

SELEKTION, ZUCHTWAHL – Auswahl von Tieren mit erwünschten Eigenschaften/Merkmalen zur Weiterzucht.

STEISSLAGE – Geburtslage, bei der der Steiß des Zickleins zuerst erscheint.

STOSSEN – Das Stoßen mit Hörnern oder Stirn: bei ausgewachsenen Ziegen als Teil von Auseinandersetzungen (auch gegen Menschen gerichtet); bei Kitzen gegen das Euter der Mutterziegen, um den Milchflussreflex auszulösen.

TAGESFUTTERRATION – Gesamtfuttermenge, die innerhalb von 24 Stunden an ein Individuum verfüttert wird.

TÜDERN – Anbinden der Ziege auf der Weide, sodass sie rund um einen verstellbaren Pflock weiden kann.

ÜBERBISS – Der Unterkiefer ist deutlich kürzer als der Oberkiefer, sodass die Schneidezähne auf den hinteren Bereich der Gaumenplatte treffen; auch als Karpfenmaul bezeichnet.

ÜBERLÄUFER – Männliche oder weibliche Ziege, die ein bis zwei Jahre alt ist.

UNTERBISS – Der Unterkiefer ist länger als der Oberkiefer, und die Zähne zeigen nach vorne über die Gaumenplatte hinaus; auch als Hechtmaul oder Saumaul bezeichnet.

WIEDERKÄUEN – Vorgang, im Laufe dessen eine Nahrungsportion (Bolus) (die aus Panseninhalt besteht) wieder hochgewürgt, erneut gekaut und wieder heruntergeschluckt wird.

WIEDERKÄUER – Pflanzenfresser mit mehrteiligem Wiederkäuermagen.

Weiterführende Literatur

BÜCHER

Arbenz, M. (2005). *Schweizer Ziegen*. Birkenhalde-Verlag, Winterthur.

Baldwin, H. (1918). *Holding the Line*. A.C. McClurg, Chicago.

Barth, K. & al. (2013). *Milchziegenhaltung im Biobetrieb – ein Managementleitfaden für Einsteiger und Ziegenprofis*. Bioland Beratung GmbH, Mainz.

Bewick, T. (1800). *A General History of Quadrupeds*. Hodgson, Belby & Bewick, Newcastle, UK.

Boldrick, L. & Hale, L. (1996). *Pygmy Goats: Management and Veterinary Care*. All Publishing Company, Orange, California.

Caldwell, G. (2017). *Holistic Goat Care*. Chelsea Green Publishing, White River Junction, Vermont.

Clutton-Brock, J. (1999). *A Natural History of Domesticated Mammals*. Cambridge University Press, UK.

Cooper, T. (2018). *Goat Behavior: A Collection of Articles*. Karmadillo Press, Cheshire, Oregon.

Epstein, H. & Mason, I. (1971). *The Origin of the Domestic Animals of Africa*. Africana Publishing Corporation, New York.

Gall, C. (2001). *Ziegenzucht* (2. A.). Ulmer, Stuttgart.

Hagenkötter, A.-M. (2012). *Ziegen – Treue Freunde mit Köpfchen* (2. A.). Cadmos, Schwarzenbek.

Hall, A. (1982). *The Pygmy Goat in America*. Hall Press, San Bernardino, California.

Hinson, J. (2015). *Goat*. Reaktion Books, London.

Holmes-Pegler, H. S. (1909). *The Book of the Goat* (4th ed.). L. Upcott Gill, London.

Houpt, K. (2011). *Domestic Animal Behavior for Veterinarians and Animal Scientists* (5th ed.). Wiley-Blackwell, Hoboken, New Jersey.

Hurst, J. (2014). *Extraordinary Goats: Meetings with Remarkable Goats, Caprine Wonders & Horned Troublemakers*. Voyageur Press, Minneapolis.

Hussain, M. S. (2010). *Essentials of Caprine Anatomy: A Complete Text on General and Systemic Anatomy*. University of Agriculture, Faisalabad, Pakistan.

Jaudas, U. (1987). *Ziegen. Unterbringung, Pflege, Ernährung, Krankheiten, Zucht*. Gräfe und Unzer, München.

Jensen, P. (2009). *The Ethology of Domestic Animals: An Introductory Text*. Association of International Research and Development Centers for Agriculture, Wallingford, UK.

Mackenzie, D. (1993). *Goat Husbandry* (5th ed.). Faber and Faber, London/New York.

Naaktgeboren, C. (2006). *The Mysterious Goat: Images and Impressions*. BBPress, Eindhoven, Netherlands.

Porter, V. (1996). *Goats of the World*. Farming Press, Ipswich, UK.

Sambraus, H. H. (2016). *Farbatlas Nutztierrassen. 263 Rassen in Wort und Bild* (8. A.). Ulmer, Stuttgart.

Shields, J. (1982). *Exhibition and Practical Goatkeeping*. Triplegate Ltd., Hindhead, Surrey, UK.

Smith, C. (2019). *Goat Health Care* (5th ed.). Karmadillo Press, Cheshire, Oregon.

Stockwell, F. (2014). *Beautiful Goats: Portraits of Classic Breeds*. Ivy Press, Lewes, UK.

Thear, K. (1988). *Goats and Goatkeeping*. Merehurst Press, London.

Waite, B. (2008). *William de Goat: The Story of Air Commodore William de Goat DSO DFC, the Extraordinary Mascot of 609 (West Riding) Squadron during the Second World War.* Athena Press, Twickenham, UK.

Zwierlein, K. A. (1816). *Die Ziege als beste und wohlfeilste Säugamme.* Franzen & Grosse, Stendal.

DOKUMENTE

European Regional Conference on Goats (2014). «Sustainable Goat Breeding and Goat Farming in Central and Eastern European Countries». FAO. [fao.org/3/a-i5437e.pdf]

Fernandez, D. «Introduction to Goat Reproduction». Cooperative Extension Program, University of Arkansas at Pine Bluff. [uapb.edu/sites/www/Uploads/SAFHS/FSA-9607.pdf]

NSW, Department of Primary Industries (2017). «Anatomy and Physiology of the Goat». [www.dpi.nsw.gov.au/__data/assets/pdf_file/0010/178336/Anatomy-and-physiology-of-the-goat.pdf]

Sponenberg, D. P. & Roberts, B. (2005). «Myotonic Goat Description». [myotonicgoatregistry.net/MGRbreeddescription/MGRBreeddescription.html]

Stanton, T. (2012). «Kidding with Confidence». Cornell Sheep & Goat Extension Program, Cornell University, NY. [putknowledgetowork.org/resources/kidding-with-confidence]

Trinidad and Tobago Goat and Sheep Society (TTGSS) & Inter-American Institute for Cooperation on Agriculture (IICA) (2016). «The Trinidad & Tobago Dairy Goat Manual: Breeds, Milking, Herd Health, Records». [infoagro.net/sites/default/files/migrated_documents/attachment/EN_TTGSS_Goat_Manual.co.pdf]

USDA Sustainable Agriculture Research and Education Program (LNE10-300), University of Rhode Island (2016). «Why and How to Do FAMACHA© Scoring». [web.uri.edu/sheepngoat/files/FAMACHA-Scoring_Final2.pdf]

Vatta, A. F. & al. (2007). «Goatkeepers' Animal Health Care Manual», 2nd ed. Onderstepoort Veterinary Institute with KwaZulu-Natal Department of Agriculture and Environmental Affairs (2007). [lib.icimod.org/record/13031]

ARTIKEL

Adedeji, T. A. & al. (2012). «Effect of Some Qualitative Traits and Non- Genetic Factors on Heat Tolerance Attributes of Extensively Reared West African Dwarf (WAD) Goats», *International Journal of Applied Agriculture and Apiculture Research*, 8 (1), S. 68–81.

Adedeji, T. A. & al. (2012). «Effect of Wattle Trait on Body Sizes and Scrotal Dimensions of Traditionally Reared West African Dwarf (WAD) Bucks in the Derived Savanna Environment», *Iranian Journal of Applied Animal Science*, 2 (1), S. 69–72.

Ajmone-Marsan, P. & al (2014). «The Characterization of Goat Genetic Diversity: Towards a Genomic Approach», *Small Ruminant Research*, vol. 121, S. 58–72.

Aziz, M. A. (2010). «Present Status of the World Goat Populations and Their Productivity», *Lohmann Information*, vol. 45, S. 42–52.

Briefer, E. & al. (2012). «Mother Goats Do Not Forget Their Kids' Calls», *Proceedings of the Royal Society B: Biological Sciences*, vol. 279, S. 3749–3755.

Briefer, E. & al. (2015). «Emotions in Goats: Mapping Physiological, Behavioural and Vocal Profiles», *Animal Behaviour*, vol. 99, S. 131–163.

Dubeuf, J. P. & Boyazoglu, J. (2009). «An International Panorama of Goat Selection and Breeds», *Livestock Science*, vol. 120, S. 225–231.

Ebozoje, M. O. (1998). «Colour Variation and Reproduction in the West African Dwarf (WAD) goats», *Small Ruminant Research*, 27 (2), S. 125–130.

Fritz Jr., W. (2017). «Self-enurination in the Domesticated Male Goat (*Capra hircus*)», Dissertation submitted to the Graduate School-New Brunswick, Rutgers University.

Gall, C. (1980). «Relationship between Body Conformation and Production in Dairy Goats», *The Journal of Dairy Science*, 63 (10), S. 1768–1781.

Heffner, R. & Heffner, H. (1990). «Hearing in Domestic pigs (*Sus scrofa*) and Goats (*Capra hircus*)», *Hearing Research*, 48 (3), S. 231–240.

Hermiz, H. N. & al. (2016). «Inheritance of Wattle and their Effect on Twinning and Some Productive Traits in Shami Goat», *International Journal of Advances in Science Engineering and Technology*, 4 (3), Spl. 1, S. 183–185.

Lenstra, J. A. & al. (2017). «Microsatellite Diversity of the Nordic Type of Goats in Relation to Breed Conservation: How Relative Is Pure Ancestry?», *Journal of Animal Breeding and Genetics*, 134 (1), S. 78–84.

Lickliter, R. (1984). «Hiding Behavior in Domestic Goat Kids», *Applied Animal Behaviour Science*, 12 (3), S. 245–251.

Luikart, G. & al. (2001). «Multiple Maternal Origins and Weak Phylogeographic Structure in Domestic Goats», *Proceedings of the National Academy of Sciences of the USA*, 98 (10), S. 5927–5932.

Luikart, G. & al. (2006). «Origins and Diffusion of Domestic Goats Inferred from DNA Markers», in: Zeder, M. & al. (eds.), *Documenting Domestication. New Genetic and Archaeological Paradigms*, University of California Press, S. 294–305.

Naderi, S. & al. (2007). «Large-Scale Mitochondrial DNA Analysis of the Domestic Goat Reveals Six Haplogroups with High Diversity», *PLoS One*, 2 (10): e1012 [doi.org/10.1371/journal.pone.0001012]

Naderi, S. & al. (2008). «The Goat Domestication Process Inferred from Large-scale Mitochondrial DNA Analysis of Wild and Domestic Individuals», *PNAS*, 105 (46), S. 17659–17664.

Pereira, F. & al. (2009). «Tracing the History of Goat Pastoralism: New Clues from Mitochondrial and Y Chromosome DNA in North Africa», *Molecular Biology and Evolution*, 26 (12), S. 2765–2773.

Price, E. O. & al. (1980). «Behavioral Responses to Short-term Social Isolation in Sheep and Goats», *Applied Animal Ethology*, 6 (4), S. 331–339.

Rahmann, G. (2003). «Landschaftspflege mit Ziegen Die Pflege von Magerrasen kann für Öko-Betriebe ökonomisch sein», *Lebendige Erde* 2/2003, S. 12–14. [orgprints.org/592/1/529rahmann-2003-landschaftspflege-ziegen.pdf]

Savage, S. (2013). «Kidding Around in the Laboratory Animal Facility – Goat Enrichment», *The Enrichment Record*, vol. 14, S. 14–16 [enrichmentrecord.com/wp-content/uploads/2011/01/goat-enrichment.pdf]

Silanikove, N. (1997). «Why Goats Raised on Harsh Environment Perform Better than Other Domesticated Animals», in: Lindberg J. E. & al. (eds.), *Recent advances in small ruminant nutrition*, CIHEAM, S. 185–194.

Skapetas, B. & Bampidis, V. (2016). «Goat Production in the World: Present Situation and Trends», *Livestock Research for Rural Development*, vol. 28, article 200.

Tuncer, S. S. & al. (2016). «Behavioral Patterns of Goats», in: *Book of Proceedings. VII International Scientific Agriculture Symposium ‚Agrosym 2016'*, Jahorina, Bosnia, S. 2369–2374.

Zeder, M. & Hesse, B. (2000): «The Initial Domestication of Goats (*Capra hircus*) in the Zagros Mountains 10,000 Years Ago», *Science*, 287 (5461), S. 2254–2257.

Zeder, M. A. (2006). «A Critical Assessment of Markers of Initial Domestication in Goats (*Capra hircus*)», in: Zeder, M. & al. (eds.), *Documenting Domestication. New Genetic and Archaeological Paradigms*, University of California Press, S. 181–208.

VERHALTENSSTUDIEN

Bellegarde, L. & al. (2017). «Face-based Perception of Emotions in Dairy Goats», in: *Science Direct*, vol. 193, S. 51–59.

Briefer, E. & al. (2013). «Rescued Goats at a Sanctuary Display Positive Mood after Former Neglect», in: *Applied Animal Behaviour Science*, vol. 146, S. 45–55.

Briefer, E. & al. (2014). «Goats Excel at Learning and Remembering a Highly Novel Cognitive Task», in: *Frontiers in Zoology*, vol. 11, S. 20.

Nawroth, C. & al. (2014). «Exclusion Performance in Dwarf Goats (Capra aegagrus hircus) and Sheep (Ovis orientalis aries)», PloS One, 9 (4): e93534 [doi.org/10.1371/journal.pone.0093534]

Nawroth, C. & al. (2018). «Goats Prefer Positive Human Emotional Facial Expressions», *Royal Society Open Science*, 5: 180491 [doi.org/10.1098/rsos.180491]

WEBSEITEN (AUSWAHL)

www.alpinetgheep.com (Schäferei im Alpenraum)

www.appenzellerziege.ch

www.arche-austria.at (Verein zur Erhaltung seltener Nutztierrassen)

www.bat-witzenhausen.de/IGN-Ziege/index.htm (Artgemäße Ziegenhaltung)

www.g-e-h.de (Gesellschaft zur Erhaltung alter und gefährdeter Haustierrassen)

www.kleinwiederkaeuer.ch (Beratungs- u. Gesundheitsdienst für Kleinwiederkäuer)

www.landrassezigen.de (Informationsseite über Dänische Landrasseziegen)

www.oebsz.at (Österr. Bundesverband für Schafe und Ziegen)

www.packziegen.de

www.prospecierara.ch (Stiftung zum Erhalt der Arten- und Sortenvielfalt einheimischer Nutztierrassen und Kulturpflanzen)

www.szzv.ch (Schweiz. Ziegenzuchtverband)

www.weiss-die-geiss.de (Wiki für Milchziegen)

www.ziege.ch (Portal «Die Welt der Ziegen»)

www.ziegen-sind-toll.com (Bundesverband Deutscher Ziegenzüchter)

www.ziegen-treff.de (Forum für Ziegenhalter)

www.ziegen-zwergziege.ch (Forschungsstation für Ziegen und Zwergziegen)

Die Autorinnen

Sue Weaver (Autorin)
Sue Weavers professionelle Autorenkarriere begann 1969, als ihr erster Artikel in der Zeitschrift *The Western Horseman* erschien. Seither hat sie Hunderte von Artikeln veröffentlicht; zunächst spezialisierte sie sich auf Pferdezeitschriften, schrieb dann viel für die Zeitschrift *Hobby Farms*. Sie ist ferner Autorin von zwölf Büchern zum Thema Vieh- und Geflügelhaltung, darunter über Schweine, Ziegen, Schafe, Rinder, Hühner, Esel, Lamas und Alpakas. Sue lebt mit ihrem Mann auf einem zwölf Hektar großen Anwesen auf dem südlichen Ozark-Plateau bei Mammoth Spring (Arkansas, USA) – gemeinsam mit einer großen Tierfamilie aus Pferden (auch Mini-Pferden), einem Esel, Mini-Cheviot- und Katahdin-Schafen, einem Lama und einem zahmen Razorback-Schwein, ferner folgenden Ziegen: Burenziege, Nubier-Ziege, Alpine, Nigerian Dwarf, Mini-LaMancha und verschiedensten Kreuzungen – nicht zu vergessen etlichen Hunden, die meist aus dem Tierheim stammen. Tiere sind ihre Freunde und Leidenschaft; sie ist Vegetarierin und isst sie nicht.

Debbie Cherney (Fachberatung)
Debbie Cherney (BS, animal science, 1980, University of Florida; MS, agronomy, Louisiana State University; PhD, animal nutrition, 1989, University of Florida; MA, bioethics, Medical College of Wisconsin) ist Professorin für Tierwissenschaften an der Cornell University (USA). In der Bachelor-Lehre vertritt Debbie die Gebiete Tierernährung, Tierwohl sowie Ethik in der Tierhaltung. In der Forschung beschäftigt sie sich damit, wie die Rentabilität von Grünfutter-/Viehzucht-Betrieben verbessert und gleichzeitig die negativen Auswirkungen des Futterpflanzenanbaus auf die Umwelt möglichst gering gehalten werden können. In vielen Forschungsprojekten ging es um die Bewertung oder Verbesserung von Labor- oder In-vitro-Methoden zur Beurteilung der Grünfutterqualität, mit dem Ziel, die Routine-Labormethoden zu optimieren und zu standardisieren. Sie ist Autorin von über 150 wissenschaftlichen Veröffentlichungen, Buchkapiteln, Kongressbeiträgen sowie Mitherausgeberin des Fachbuchs «Grass for Dairy Cattle».

Danksagung

Mein Dank gilt folgenden Personen, die Fotos, Informationen und Feedback beigesteuert und so entscheidend zum Gelingen des Buches beigetragen haben: Nick Bohemia, Elodie Mandel-Briefer, Kim Depp, Eliya Elmquist, Ruth Pohl Hawkins, Sandra Hoffmann, Mika Ingerman, Ishana Ingerman, Ashley Kennedy, Jill Lane, Lisa McClear, Catherine Packham, Klaus Rudloff, Jen Schurman, Colleen Waits, Marc Warnke, John Weaver, Sibtain Zaheer, Elaine Embry, Orla Foley, Imran Zahid, Laurie Graham, Moonswine Farm (Hustle, Virginia) sowie Eileen und James Ray von der Little Seed Farm.

Ferner danke ich Tom Kitch, Programmleiter bei Ivy Press, der mich beim Entstehen des Buches engagiert begleitet hat, Sharon Dortenzio, die wunderbare Fotos recherchiert hat, sowie Jane Lanaway, die für das großartige Design des Buches verantwortlich ist. Nicht zuletzt möchte ich Angela Koo danken, die als Projekt-Lektorin unerreicht ist!

Register